本书受到厦门大学能源经济与能源政策协同创新中心资助。

特别感谢国家自然科学基金青年科学基金项目“能源价格冲击对宏观经济的影响机制研究——基于开放经济下多部门动态随机一般均衡模型分析”（项目批准号：71303199）对本书出版的支持。

本书同时还受教育部人文社会科学研究一般项目“化石能源定价与税费改革及其宏观影响——基于生态价值与代际补偿视角”（项目批准号：13YJC790123）、福建省自然科学基金面上项目“福建省推动生态文明建设的驱动机制研究”（项目批准号：2014J01269）、福建省软科学项目“城镇化进程中资源开发与生态可持续发展机制研究”（项目批准号：2014R0088）、厦门市社会科学院科研课题一般项目“厦门市建立自然资源有偿使用制度的研究”（项目批准号：厦社科研［2014］15号）、厦门大学大学生创新创业训练计划项目（项目批准号：DC2013041，DC2013135）的资助。本书属于以上所有课题的阶段性研究成果。

厦门大学能源经济与能源政策协同创新中心丛书

低碳视角下中国经济增长问题研究

A Study on China Economy Growth Issue from Low Carbon Perspective

孙传旺／著

中国社会科学出版社

图书在版编目（CIP）数据

低碳视角下中国经济增长问题研究/孙传旺著．—北京：中国社会科学出版社，2014.6

ISBN 978－7－5161－4402－2

Ⅰ.①低…　Ⅱ.①孙…　Ⅲ.①节能—研究—中国 ②中国经济—经济增长—研究　Ⅳ.①TK01 ②F124

中国版本图书馆 CIP 数据核字(2014)第 129228 号

出 版 人	赵剑英
责任编辑	李庆红
责任校对	赵小黎
责任印制	王　超
出　　版	中国社会科学出版社
社　　址	北京鼓楼西大街甲 158 号（邮编　100720）
网　　址	http：//www. csspw. cn
	中文域名：中国社科网　　010－64070619
发 行 部	010－84083635
门 市 部	010－84029450
经　　销	新华书店及其他书店
印　　刷	北京君升印刷有限公司
装　　订	廊坊市广阳区广增装订厂
版　　次	2014 年 6 月第 1 版
印　　次	2014 年 6 月第 1 次印刷
开　　本	710×1000　1/16
印　　张	14
插　　页	2
字　　数	203 千字
定　　价	46.00 元

凡购买中国社会科学出版社图书，如有质量问题请与本社发行部联系调换

电话：010－64009791

前　言

保证经济增长一直是中国宏观经济运行的核心目标。2013年中国人均GDP已经超过5000美元，中国正处在跨越“中等收入陷阱”的关键时期。虽然城市化进程可以成为现阶段推动经济增长的主要动力，但是产业结构重工化、能源需求刚性增长、能源效率偏低以及能源结构以煤为主等阶段性特征将成为当前经济增长过程中很难回避的问题。党在十八届三中全会上，把生态文明建设纳入了中国特色社会主义的总体布局，经济增长必须与生态文明建设结合在一起，推动低碳发展，建设美丽中国。

若没有与二氧化碳排放相关的气候问题，中国经济增长的阶段性问题可能将同历史上发达国家经历的过程相似。然而，21世纪第一个十年，中国二氧化碳排放量增长超过了一倍，中国已经成为全球第一大二氧化碳排放国。在应对全球气候变暖的问题上，中国以无可争议的排放增量首当其冲。现阶段中国面临着二氧化碳减排的巨大压力，迫切需要从低碳视角重新审视中国经济增长问题。

本书将突破以往研究的局限性，分别从六个切入点，基于不同的经济学模型，逐步剖析现阶段中国经济增长和二氧化碳排放问题，在此基础上进一步展现中国低碳式发展的重要性与特殊性。主要回答了以下几个问题：二氧化碳排放与现阶段经济增长的关系如何？低碳约束下的全要素生产率变动趋势怎样？与碳排放相关的阶段性特点对中国经济增长的影响如何？中国工业部门的要素配置效率与节能潜力是多少？中国对外贸易结构与二氧化碳排放关系如何？如何在保证经济增长前提下完成碳减排目标？

本书第一章简要介绍了研究背景、研究意义、研究目标、研究方法及内容安排等。第二章从二氧化碳排放与经济增长的关系研究、中国经济增长核算研究、中国全要素生产率的研究、中国要素配置效率的研究、对外贸易的二氧化碳排放研究以及中国二氧化碳排放影响因素研究六个方面进行国内外研究综述与评论。第三章至第八章，分别从这六个方面出发，以低碳发展的视角审视中国经济增长的诸多问题。第三章在对现阶段经济增长特征分析的基础上，探讨中国能源消费及二氧化碳排放的特点。阐明中国经济增长所面临的国际减排压力，并分析适应阶段性经济发展要求的低碳目标。第四章借助非参数环境 DEA 分析框架，运用省际面板数据，采用方向距离函数对低碳约束下的中国全要素生产率进行测算与评估。并针对全要素生产率的地区差异，进行收敛性分析。第五章对中国经济增长进行核算，构建中国经济增长的推动因素分析模型，从城市化、产业结构和能源效率等方面解释全要素生产率的变化。为揭示变量之间的动态变化关系，采用状态空间模型对生产函数的参数进行时变分析。第六章继续放松对生产函数形式的假定，采用超越对数生产函数形式，并运用随机前沿分析方法，对中国工业行业的要素配置效率进行研究。第七章以开放经济视角，采用投入产出分析方法，研究对外贸易中内涵碳问题，并深入探讨中国对外贸易结构与对外贸易方式的问题。第八章主要挖掘现阶段中国经济增长中二氧化碳排放的影响因素，提出保障经济增长前提下二氧化碳减排目标的路径选择。第九章是本书的主要研究结论。

本书的研究，希望为低碳经济学者、工作在低碳领域第一线的实践者以及社会各界对低碳经济问题与政策感兴趣的广大读者，提供研究的思路与方法。同时希望本书的结论能为政策制定者提供准确、及时的低碳发展信息，更好地认清低碳发展现状，设计低碳发展战略。本书的主要结论包括：

1. 中国还正处在二氧化碳环境库兹涅茨曲线“拐点”的左侧，设定以碳强度作为现阶段的减排目标符合经济增长的要求。

2. 碳强度目标与全要素生产率的变动趋势相吻合，改善碳强度，可以对生产率的提高产生激励。西部地区不存在追赶发达地区的趋势，效率变化对生产率提高的作用有限。

3. 城市化、产业结构与能源效率对全要素生产率的影响都是正向且积极的。能源效率对全要素生产率的影响系数不断减小，说明在节能减排上做出巨大努力的同时也付出了一定的经济代价，必须配合节能目标约束以及政策的引导与支持。

4. 得益于“十一五”约束性能源强度目标的坚定推行与工业要素市场化改革的不断深入，工业全行业要素配置效率在2006年由负转正，要素配置扭曲减小。能源要素正在从低效行业向高效行业流动，能源密集型行业具有较大的节能潜力。

5. 按中国目前的对外贸易结构特点，20%左右的内涵碳随着产品净输出至国外，以加工贸易为主的机械设备制造业和纺织品制造业是内涵碳净流出的主要部门，而内涵碳净进口的部门主要是采掘业。

6. 二氧化碳增量主要是由经济增长造成，收入因素的正向贡献占到了绝对重要的位置。经济增长速度与方式的选择，对碳强度目标的完成程度有一定影响。改善能源强度，尤其是“十二五”能源强度目标完成情况，对2020年碳强度目标的实现非常重要。

本书受到厦门大学能源经济与能源政策协同创新中心资助，特别感谢国家自然科学基金青年科学基金项目“能源价格冲击对宏观经济的影响机制研究——基于开放经济下多部门动态随机一般均衡模型分析”（项目批准号：71303199）对本书出版的支持。本书同时还受教育部人文社会科学研究一般项目“化石能源定价与税费改革及其宏观影响——基于生态价值与代际补偿视角”（项目批准号：13YJC790123）、福建省自然科学基金面上项目“福建省推动生态文明建设的驱动机制研究”（项目批准号：2014J01269）、福建省软科学项目“城镇化进程中资源开发与生态可持续发展机制研究”（项目批准号：2014R0088）、厦门市社会科学院科研课题一般项目“厦门市建立自然资源有偿使用制度的研究”（项目批准号：厦社科研［2014］15号）、厦门大学大学生创新创业训练计划项目（项目批准号：DC2013041，DC2013135）的资助。本书是以上所有课题的阶段性研究成果，属于厦门大学能源经济与能源政策协同创新中心丛书。

同时，本书是作者近几年研究的主要成果。作者特别感谢导师林伯强教授，感谢恩师的谆谆教诲和悉心关怀，感谢恩师对作者的学习和研究倾注的大量心血。本书的研究从选题、建模、结果分析再到政策建议，以及整体论文的写作都是与导师共同讨论、合作的过程和结果。恩师不仅在学术上授业解惑，给予了最大的关心与鼓励，而且在平时生活上言传身教，给予了无私的支持与指导。恩师严谨的治学态度，刻苦的科研精神，开阔的学术视野令学生敬仰。恩师对事物的看法与分析，对人生的态度与领悟，将成为宝贵财富影响我的一生。

中国社会科学出版社李庆红编辑对本书的出版做了大量细致的工作，深表感谢。

低碳视角下的中国经济增长问题是一个复杂的综合科学研究领域。尽管作者力求完善，但由于知识和学术水平有限，深知所做努力总是不够，不足之处，望读者指正。

孙传旺

2014年4月

目　　录

第一章　导论……………………………………………………… 1

第一节　选题背景………………………………………………… 1
第二节　研究意义………………………………………………… 5
第三节　研究目标………………………………………………… 5
第四节　研究思路………………………………………………… 7
第五节　研究方法………………………………………………… 7
第六节　研究内容安排…………………………………………… 9
第七节　研究主要贡献与不足 ………………………………… 10

第二章　文献综述 …………………………………………………… 12

第一节　二氧化碳排放与经济增长的关系研究 ………… 12
第二节　中国经济增长核算研究 ……………………………… 15
第三节　中国全要素生产率的研究 …………………………… 19
第四节　关于要素配置效率的研究 …………………………… 21
第五节　对外贸易的二氧化碳排放研究 ……………………… 24
第六节　中国二氧化碳排放影响因素研究 …………………… 28

第三章　现阶段经济增长特征与碳减排压力 ………………… 31

第一节　中国经济增长阶段性宏观特征 ……………………… 31
一　中国经济增长总量特征 ………………………………… 31

二 城市化是经济增长的助推器 …… 37
三 重工化是中国城市化进程的必然要求 …… 40
四 中国经济增长与中等收入陷阱 …… 42
第二节 现阶段中国的能源需求特征 …… 44
一 能源消费刚性增长 …… 44
二 能源效率偏低 …… 47
三 能源结构以煤为主 …… 48
第三节 低碳目标必须适应经济增长阶段特征 …… 50
一 中国面临的二氧化碳排放压力 …… 50
二 二氧化碳排放与经济增长的关系 …… 54
三 碳强度目标符合经济增长要求 …… 61
第四节 本章小结 …… 66

第四章 低碳视角下中国全要素生产率研究 …… 68

第一节 中国减排目标与全要素生产率 …… 68
第二节 环境 DEA 技术与方向距离函数 …… 70
一 环境 DEA 技术 …… 70
二 方向距离函数 …… 72
三 生产率指数分解 …… 75
第三节 碳强度约束下全要素生产率的测算 …… 77
一 省份面板数据描述 …… 77
二 不同情形的全要素生产率比较 …… 79
三 碳强度约束下全要素生产率的分解 …… 83
四 领先创新者分析 …… 84
第四节 各地区全要素生产率的收敛性分析 …… 85
一 收敛性分析的研究方法 …… 85
二 收敛性分析的结果 …… 86
第五节 本章小结 …… 89

第五章　低碳视角下中国经济增长核算研究 …… 91

第一节　研究的特点与重点 …… 91
第二节　变量选择与描述 …… 93
第三节　固定参数模型研究 …… 96
一　模型构建与数据处理 …… 96
二　实证检验 …… 99
三　结果分析 …… 101
第四节　时变参数模型研究 …… 104
一　时变参数研究的特点 …… 104
二　状态空间模型 …… 105
三　时变模型分析结果 …… 106
第五节　本章小结 …… 111

第六章　低碳视角下中国工业要素配置效率研究 …… 113

第一节　优化要素配置效率与节能 …… 113
第二节　随机前沿生产函数模型 …… 117
一　完全竞争市场的最优配置状态 …… 117
二　随机前沿生产函数方法 …… 119
三　超越对数生产函数 …… 120
第三节　中国工业要素配置效率测算 …… 121
一　数据描述 …… 121
二　回归结果 …… 126
三　技术效率变化 …… 127
四　要素产出弹性 …… 128
五　要素产出与成本份额 …… 129
六　要素配置效率 …… 130
第四节　优化要素配置的中国工业节能潜力 …… 132

一 能源要素的重置空间…………………………………… 132
二 节能潜力的变动趋势…………………………………… 134
三 不同产业的节能潜力…………………………………… 135
第五节 本章小结…………………………………………… 136

第七章 低碳视角下中国对外贸易结构研究………………… 138

第一节 中国对外贸易与二氧化碳排放………………………… 138
第二节 内涵碳排放的研究方法……………………………… 140
一 投入产出分析法………………………………………… 140
二 关于再出口内涵碳排放的修正…………………………… 144
三 对外贸易的二氧化碳排放核算…………………………… 146
第三节 对外贸易中的内涵碳排放计算………………………… 147
一 数据处理……………………………………………… 147
二 各部门的排放系数……………………………………… 151
三 中国内涵碳排放总量核算……………………………… 155
四 电力行业对不同部门排放系数的贡献…………………… 155
第四节 内涵碳对外贸易结构的变化趋势……………………… 157
一 各部门贸易额的变化…………………………………… 157
二 不同部门内涵碳进出口的变化…………………………… 159
三 内涵碳再出口问题的分析……………………………… 161
四 与贸易相关的内涵碳强度计算…………………………… 163
第五节 本章小结…………………………………………… 164

第八章 保证经济增长前提下完成碳减排目标的路径选择………………………………………………… 166

第一节 碳减排目标以保证经济增长为前提…………………… 166
第二节 二氧化碳排放影响因素分解………………………… 168
一 研究方法……………………………………………… 168

二　"十一五"排放增量因素分解 …………………… 170
第三节　完成碳减排目标的路径选择………………………… 171
一　情景设定……………………………………………… 171
二　排放预测……………………………………………… 175
三　驱动因素分析………………………………………… 178
四　实现碳强度目标的路径选择………………………… 181
第四节　本章小结………………………………………… 183

第九章　研究结论……………………………………………… 185

参考文献……………………………………………………… 189

后记…………………………………………………………… 209

第一章　导　论

第一节　选题背景

保证经济增长一直是中国宏观经济运行的核心目标。从改革开放至今的三十余年里，中国国内生产总值（Gross Domestic Product，GDP）年均增长率为9.9%，是同期世界平均水平的3.5倍。2010年中国已经超越日本，成为全球第二大经济体。但与发达国家相比，中国人均GDP水平还很低。根据世界银行（World Bank）数据，2011年中国人均GDP为4428美元，还不到美国人均GDP的十分之一。考虑汇率与物价因素，若按照十七大报告中提出的2020年实现人均GDP较2000年翻两番的目标计算，至2020年人均GDP约为7000美元，将接近较高收入国家水平。

中国已经进入中等收入国家的中等区间（中国经济增长与宏观稳定课题组，2008）。国际经验表明，人均GDP从3000—10000美元，是中等收入国家向较高收入国家迈进的关键时期。拉美及东南亚大多数国家，未能迅速跨越这一关键时期，长期在中等收入阶段徘徊，国家出现经济停滞，社会动荡等问题，挣扎于"中等收入陷阱"（Middle-Income Trap）①。只有少数国家实现了由低

---

① 世界银行在2006年的报告"An East Asian Renaissance：Ideas for Economic Growth"中首次提出"中等收入陷阱"概念，含义是指一个国家的人均GDP达到3000美元之后，由于经济增长动力不足，最终出现经济停滞的一种状态。

收入国家向高收入国家的转换，如日本用了12年时间，韩国用了8年时间。因此，中国能否实现该阶段的成功跨越，摆脱“中等收入陷阱”，进入较高收入国家行列，是摆在政策制定者面前的首要问题。中国国民社会经济的中长期规划一直把2020年作为一个重要的时点，即“十二五”与“十三五”可能将成为中国经济增长过程中非常重要的时期。

樊纲（2002）、林伯强（2008）等学者认为城市化与工业化是目前中国经济增长的主要推动力。城市化拉动固定资产投资、促进劳动力流动、增加国民消费并提高劳动效率。从城市化的进程来看，我国1979年城市化率仅为18.96%，1989年增长到26.21%，1999年达到34.78%，2010年城市化率为历史最高水平49.95%。根据王小鲁等（2009）、简新华和黄锟（2010）预测，2020年中国将基本完成城市化过程，城市化水平达到60%左右。工业化的高级阶段是以重工化为主要特征的。同城市化步伐大致一致，从2003年开始的国内大规模的基础设施建设，拉动了对钢铁、水泥等重工业产品的需求，中国进入了重工化阶段，重工业比重持续保持在70%左右。2010年中国GDP占世界的9.4%，而钢铁与水泥的消费量却占全球的44.9%和56.2%。尽管中国政府对调结构的决心很大，但重工化比重近几年始终保持在一个相当高的水平，甚至越调比重越高，2010年达到历史最高值71.4%。这似乎证明了目前的重工化趋势是阶段性经济增长的客观规律。城市化与工业化是现阶段中国经济增长的双引擎（经济增长前沿课题组，2003）。

城市化与工业化推动经济增长的同时，也带来了能源需求的上升（林伯强，2006）。首先，作为一个人口规模全球第一的经济体，城市化与工业化对钢铁水泥等高耗能产品的需求量巨大，中国很难大幅度地依靠进口高耗能产品来完成城市化与工业化进程。其次，由于生活方式差异，城市人均能源消费量高于农村，至

2020 年有近 1.5 亿人口从农村转移至城市，将拉动能源需求增长。最后，为解决农村人口迁移所面临的就业问题，中国在国际分工中可能还将进一步承接资源消耗型产业。如果说跨越“中等收入陷阱”对经济增长的要求是刚性的话，那么能源需求的上升也将很有可能是刚性的。

能源效率低与能源结构以煤为主，是中国现阶段能源需求的另两个特征（林伯强和蒋竺均，2012）。根据《BP 世界能源统计2011》（BP，2011）数据，按不变价格单位 GDP 能耗计算，中国的能源强度是世界平均水平的 2.7 倍，印度的 1.4 倍，韩国的 2.6 倍，美国的 3.7 倍，日本的 5.6 倍。能源效率较低意味着创造同样价值的产品，中国需要消耗更多的能源。作为制造业大国和贸易大国，对外贸易在拉动经济增长的同时，也造成了大量内涵能源（Embodied Energy）① 的输出（陈迎等，2008）。同时，经济的较快增长需要较低的要素成本来支撑。而相对其他一次能源，煤炭的成本最低。中国以煤为主的能源结构符合经济较快增长对能源成本的要求。然而相对于其他一次能源，煤炭的单位能耗碳排放系数却是最大的，消耗单位标准量的煤炭造成的二氧化碳排放最多。因此，能源需求增长刚性、能源效率水平较低以及能源结构以煤为主是中国现阶段能源需求的三大特点，同时意味着中国二氧化碳排放的增长将成为伴随经济增长的另一显著特征。

若没有与二氧化碳排放相关的气候问题，中国经济增长问题可能将同其他国家的经济增长问题相似。然而，1992 年巴西里约热内卢联合国环境与发展大会明确规定发达国家与发展中国家

① 内涵能源是指产品上游加工、制造、运输等全过程所消耗的总能源。中国由于处于国际分工的产业链低端，在生产加工过程中消耗了大量能源，包含在出口商品中向外输出。

应对全球气候保护承担“共同但有区别的责任”。之后，1994 年《联合国气候变化框架公约》（United Nations Framework Convention on Climate Change，简称 UNFCCC）正式生效，全球开始致力于控制温室气体的排放，以尽量延缓全球变暖效应。与经济增长的速度相似，中国的二氧化碳排放量持续快速的增长，国际上要求中国减排的呼声不断。在近几年的多次全球气候大会上，中国以无可争议的排放增量成为众矢之的。2009 年 12 月哥本哈根联合国气候变化大会，发达国家向中国频频施压，甚至将大会未取得实质结果的责任推卸到中国的不合作态度。2010 年 12 月坎昆气候大会，欧美等国的态度更加强硬，不断强调中国在气候变化中的影响和责任，并要求中国加入国际监管。气候问题已经泛政治化（潘家华和陈迎，2010）。国家发展与改革委员会（简称国家发改委）副主任谢振华在 2011 年 12 月的德班气候大会上说：“我们是发展中国家，我们要发展，我们要消除贫困，要保护环境，该做的都做了。”随着二氧化碳排放量的持续快速增长，中国经济增长所背负的国际减排压力越来越大。

尽管发达国家与发展中国家在二氧化碳减排责任划分的问题上没有取得共识，但是发达国家致力于推行低碳经济增长方式的态度却十分强硬。不论出于何种动机，发达国家显然想把二氧化碳问题转变成推动本国经济增长的机会（林伯强，2010a）。类似欧洲强征航空碳税等打着低碳旗号的贸易保护手段可能将不断出现。国际压力迫使中国在实现中等收入国家跨越的关键时期，需要考虑二氧化碳排放的约束。而中国只有利用高增长的机会加快增长机制的转变，才可能超越“中等收入陷阱”（中国经济增长与宏观稳定课题组，2008）。因此，本书正是基于中国应对气候变化，在保证中国经济增长和完成碳减排目标的宏观背景下，选择以低碳的视角重新审视与研究中国经济增长问题。

第二节 研究意义

保证在经济增长的前提下完成碳减排目标是本书研究的重要出发点。一方面，二氧化碳排放是经济增长过程中能源消费的副产品，减少排放可能会对经济增长产生负面影响。另一方面，从效率的角度看，国家对节能减排的要求，也可能通过效率的提高推动经济增长。本书用低碳的视角来观察中国的经济增长问题，对传统经济增长问题探讨进行补充和创新。本书采用不同的理论前提及实证模型，紧密结合现阶段经济增长的特征，对低碳视角下的中国经济增长进行深入分析。对于研究中国经济增长问题有较强的理论意义。

现阶段中国经济增长的内在动力是实现“中等收入陷阱”的成功跨越，完成中国城市化与工业化进程，进入较高收入国家行列。而二氧化碳减排，则已经成为中国经济增长所面临的最主要的外在压力。用低碳视角对经济增长中的重要问题，如全要素生产率、经济增长核算、要素产出弹性、要素配置效率、对外贸易结构等问题进行深入分析，对于认识中国低碳约束下的经济增长问题有很强的现实意义。

因此，本书的研究对如何保证经济增长前提下完成碳排放目标，实现中国经济的低碳增长，制定有效的减排政策有着重要的理论和实践意义。

第三节 研究目标

本书主要围绕低碳视角下中国经济增长问题这一主题展开研

究，研究目标主要包括以下几方面：

第一，分析与中国经济增长阶段相适应的低碳目标。中国目前处于经济增长的关键时期，中国的人均 GDP 与人均碳排放还比较低，但巨大的排放总量与排放增量，让中国不得不制定具有约束性的低碳目标。根据目前的发展阶段特征，选择碳强度而非碳总量作为低碳目标，具有更强的可完成性与可操作性。

第二，由于生产率或效率问题往往是中国经济增长中最重要的研究问题之一，因此本书的研究首先基于省际面板数据，采用环境 DEA 技术（Environmental Data Envelopment Analysis Technology，EDT）与方向距离函数（Directional Distance Function，DDF）测算与评估低碳视角下的中国全要素生产率变动情况。接着采用经济增长模型对中国经济增长进行核算，研究推动经济增长的因素贡献，同时基于现阶段经济增长特征将全要素生产率内生化，并采用状态空间模型（State Space Model）对经济增长进行时变分析，研究各变量对经济增长与全要素生产率影响的动态趋势。之后本书采用 2000—2009 年中国工业 37 个行业的面板数据，基于随机前沿分析（Stochastic Frontier Analysis，SFA）方法，着重研究中国工业行业的要素配置效率问题。

第三，在开放经济条件下，测算中国对外贸易中的内涵碳①排放进出口数量，并基于低碳视角讨论中国对外贸易结构变化问题。

第四，根据中国经济增长的现阶段特点，对二氧化碳排放进行分解，挖掘影响二氧化碳排放的深层因素，并预测 2020 年保证中国经济增长前提下碳减排目标完成情况。

---

① 内涵碳（Embodied Carbon）又称隐含碳、贸易内涵排放等。与内涵能源概念相近，内涵碳是指产品从生产至消费的整个生命周期内排放的二氧化碳量。基于产品或消费端计算的内涵碳等于每个环节的直接排放加总。

第四节 研究思路

本书的主线是，基于低碳视角研究中国经济增长问题，并由此展开，根据不同切入点和模型假设逐步剖析经济增长和碳排放问题（见图1－1所示）。首先，采用无随机误差项的非参数化环境DEA模型与方向距离函数，研究现阶段全要素生产率的变化趋势以及收敛情况。其次，本书对生产函数进行参数化描述，将全要素生产率内生化，并引入随机误差，构建柯布—道格拉斯（Cobb-Douglas，C-D）总量生产函数模型，采用固定参数与时变参数两种研究方法，对中国经济增长进行核算，分析城市化、产业结构以及能源效率对经济增长及全要素生产率的贡献。再次，本书将生产无效率纳入研究范畴，放松所有生产者都能实现最优效率的假设，采用随机前沿分析方法，同时在对生产函数的设定上，放松了Cobb-Douglas生产函数对规模报酬的限制，选择形式更加灵活的超越对数生产函数，研究中国工业行业的要素配置效率问题。

随后，本书将视角扩展至开放经济条件，基于中国对外贸易中的内涵碳排放问题，探讨制造业大国和贸易大国的对外贸易结构与对外贸易方式。最后，借助对数平均迪式指数（Logarithmic Mean Divisia Index，LMDI）分解法，从不同层面探讨并预测保证中国经济增长前提下的二氧化碳排放。

第五节 研究方法

本书主要采用实证分析与规范分析相结合，并以实证分析为主。具体而言，本书主要采用了以下的研究方法：

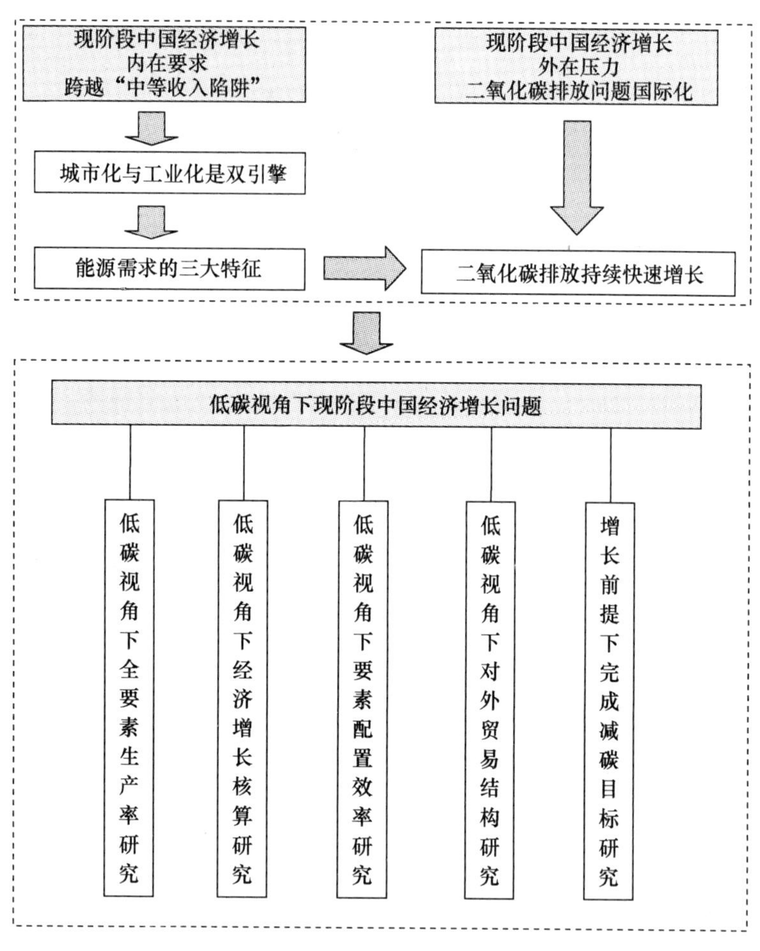

图1－1 本书研究思路

1. 本书在定量与定性分析相结合的基础上，采用比较分析方法，研究现阶段中国经济增长特征，并分析与经济增长阶段相适应的低碳目标。

2. 分析低碳约束下中国现阶段全要素生产率的变化时，本书运用无随机误差项的非参数方法，即环境 DEA 模型与方向距离函数，构建低碳约束下的全要素生产率指数。同时借助收敛性分析方法研究低碳约束下不同地区的全要素生产率的趋同或发散情况。

3. 低碳视角下研究中国经济增长核算问题，着重分析中国经济增长及全要素生产率的推动因素。本书采用参数化模型，纳入随机误差并将全要素生产率进行内生化处理，构建 Cobb-Douglas 总量生产函数，引入城市化、产业结构和能源效率解释全要素生产率的变化。同时借助状态空间模型，对要素弹性以及其他参数进行时变分析，研究变量之间相互影响的动态趋势。

4. 分析中国工业行业要素配置效率时，本书运用随机前沿分析方法，将生产无效率纳入研究范畴，同时进一步放松对生产函数的假设，采用更加灵活的超越对数生产函数。

5. 由于产品生产国与消费国分离，在考虑开放经济的二氧化碳排放时，需要基于产品内涵碳排放的视角。本书采用投入产出分析法，定量测算了中国进出口的内涵碳排放，并探讨了现阶段中国对外贸易结构问题。

6. 研究保证中国经济增长前提完成碳减排目标，需要对现阶段影响二氧化碳排放的因素进行深入分析。本书采用对数平均迪式指数分解法，并根据经济增长的特征，从六大方面探讨决定二氧化碳排放的因素。同时根据规范分析方法对已有文献的结论进行汇总后，运用情景分析以及敏感性分析等方法，对二氧化碳排放以及减排目标进行预测，并对结论进行讨论。

第六节　研究内容安排

本书将分为九章展开论述，具体内容介绍如下：

第一章为导论，主要概述本书的选题背景、研究意义、研究目标、研究思路、研究方法、研究内容安排、主要贡献以及进一步研究的方向。

第二章是文献综述，主要回顾国内外有关中国经济增长、全要素生产率、国际贸易中二氧化碳排放以及节能减排约束下经济增长方式转变等方面的文献。

第三章在对现阶段经济增长的特征分析的基础上，探讨中国能源消费及二氧化碳排放的特点。阐明中国经济增长所面临的国际减排压力，并分析适应阶段性经济发展要求的低碳目标。

第四章借助非参数环境 DEA 分析框架，运用省际面板数据，采用方向距离函数对低碳约束下的中国全要素生产率进行测算与评估。并针对全要素生产率的地区差异，进行收敛性分析。

第五章对中国经济增长进行核算，构建中国经济增长的推动因素分析模型，从城市化、产业结构和能源效率等方面解释全要素生产率的变化。为揭示变量之间的动态变化关系，采用状态空间模型对生产函数的参数进行时变分析。

第六章继续放松对生产函数形式的假定，采用超越对数生产函数形式，并运用随机前沿分析方法，对中国工业行业的要素配置效率进行研究。

第七章以开放经济视角，采用投入产出分析方法，研究对外贸易中内涵碳问题，并深入探讨中国对外贸易结构与对外贸易方式的问题。

第八章主要挖掘现阶段中国经济增长中二氧化碳排放的影响因素，提出保障经济增长前提下二氧化碳减排目标的路径选择。

第九章是本书的主要研究结论。

第七节　研究主要贡献与不足

本书的主要贡献包括以下几个方面：

第一，基于低碳视角，根据不同切入点和模型假设逐步剖析现阶段中国经济增长和二氧化碳排放问题。

第二，将二氧化碳排放作为经济增长的副产出，采用环境DEA技术与方向距离函数测算出在低碳约束下的中国全要素生产率指数。

第三，采用状态空间模型对生产函数的参数进行时变分析，揭示变量之间的动态变化关系。

第四，首次构建包括资本、劳动与能源三要素的超越对数生产函数，采用随机前沿分析方法，对中国工业37个行业的要素配置效率进行实证研究。

第五，基于2005年与2007年中国投入产出表，对中国进出口贸易的二氧化碳排放问题进行研究，探讨低碳视角下的中国对外贸易结构问题。

当然，受样本数据和作者能力的限制，本书尚有不足之处，未来的研究方向包括：

第一，在获得更完整的能源开发成本和节能成本的基础上，基于随机前沿分析法，测度不同地区不同行业的生产技术效率与要素配置效率，在低碳视角下，衡量各地区在经济增长过程中的节能减排潜力问题。

第二，在获得对中长期能源价格进行合理估计的基础上，进一步研究未来能源价格变化对中国经济增长和二氧化碳排放的影响。

第三，构建更加完整的多国投入产出模型或一般均衡模型，在全球二氧化碳减排视角下，研究贸易全球化的变化趋势，以及该趋势对中国经济增长的影响。

第二章　文献综述

第一节　二氧化碳排放与经济增长的关系研究

2003 年英国能源白皮书《我们能源的未来：创建低碳经济》首次正式提出“低碳经济”（Low Carbon Economy）的概念，将二氧化碳排放问题与经济增长问题同时摆在一起。英国学者 Stern 2006 年在著名的报告“The Economics of Climate Change：The Stern Review”里指出，不断加剧的温室效应将会严重影响全球经济发展，政府干预市场的政策对温室气体减排可以起到积极影响。政府间气候变化专门委员会（Intergovernmental Panel on Climate Change，IPCC）2007 年《第四次评估报告》也证实了目前正在出现的全球性气候变化，并提出这一变化与人类活动之间的密切关系。

二氧化碳排放伴随人类经济活动产生，特别是工业化与经济全球化，加快了排放上升的速度。环境库兹涅茨曲线（Environmnetal Kuznets Cureve，EKC）分析方法，在研究二氧化碳与经济增长关系时，被广泛得到认可和应用。环境库兹涅茨曲线由 Grossman 和 Krueger（1992）首次提出，他们通过对 66 国环境质量的实证分析，表明当一个国家或地区的人均收入水平较低时，环境受污染的程度较轻，但随着经济增长，环境受污染的程度会逐步加剧，待经济发展到一定水平时，环境质量会出一个拐点，之后随着经济继续增长，环境质量将逐渐改善。

换句话说，环境质量会随着经济增长呈现先恶化后改善的趋势。环境质量与经济增长之间存在着倒U形曲线关系，经济增长至拐点之后，环境质量的改善将变得相对容易。目前研究的焦点主要集中在对倒U形曲线是否成立以及拐点何时出现的讨论。

Shafik（1994）认为二氧化碳排放与人均收入之间存在着接近单调的线性关系，拐点远在研究样本之外。Holtz-Eakin和Selden（1995）基于全球130个国家1951—1986年的面板数据，检验表明单位人均GDP的二氧化碳排放边际倾向（Marginal Propensity to Emit，MPE）正在下降，但预测表明由于中低收入国家MPE很高，全球的二氧化碳仍然将以1.8%的速度增长。Holtz-Eakin和Selden（1995）的研究结论表明二氧化碳排放下降的拐点也在样本之外，大致要到人均收入达到35428美元（以1986年美元不变价格计算）才会出现。Agras和Chapman（1999）的研究模型除了考虑收入变量之外，还加入了贸易变量、滞后变量以及油价的固定效应，经过对34个国家和地区的二氧化碳与经济增长关系进行研究，结论表明二者之间满足倒U形曲线关系。Sengupta（1996）的实证分析得到二氧化碳与人均收入之间存在N形曲线关系。Taskin和Zaim（2000）采用非参核回归方法基于横截面数据，得到了环境质量与收入之间的三次函数关系。Azomahu和Van Phu（2011）同时采用非参核回归方法及标准参数方法，研究表明非参核回归接受单调线性关系，而参数模型接受倒U形曲线关系。Martinez-Zarzoso和Bengochea-Morancho（2004）以22个具有同质性的OECD国家为研究对象，分析结果表明大多数国家符合N形曲线特点。Galeotti等（2006）为检验环境库兹涅茨曲线的稳健性，采用不同方程形式以及不同来源的二氧化碳排放数据，分别对OECD与非OECD国家进行实证，结果表明，无论方程形式与数据来源如何，OECD 国家都能呈现出倒 U 形曲线关系，且拥有合理的拐点，但非 OECD 国家在 IEA（International Energy Agency）二氧化碳排放数据下呈现增长，而在 CDIAC（Carbon Dioxide Information Analysis Center）数据下表现更接近钟形。

近年，随着中国成为全球减排的焦点，学者开始进行对中国二氧化碳环境库兹涅茨曲线的研究。Jalil 和 Mahmud（2009）基于中国 1975—2005 年的时间序列数据，采用分布滞后自回归模型（Auto Regressive Distributed Lag，ARDL）检验二氧化碳排放与能源消费、经济增长以及对外贸易之间的关系，结果表明在样本区间内收入与二氧化碳排放之间存在二次函数关系，证实了存在倒 U 形曲线。林伯强和蒋竺均（2009）利用传统的环境库兹涅茨模型模拟以及二氧化碳排放预测的两种方法，对中国的二氧化碳库兹涅茨曲线做了对比研究和预测，结论表明二氧化碳和人均收入之间存在倒 U 形关系，但通过二氧化碳环境库兹涅茨曲线预测的拐点与实际不符。蔡昉等（2008）通过拟合环境库兹涅茨曲线，预测排放水平从提高到下降的拐点，考察中国经济内在的节能减排要求，结果显示，对于温室气体减排，被动等待库兹涅茨拐点到来，无法应对日益增加的环境压力。

除了环境库兹涅茨曲线之外，针对中国二氧化碳与经济增长的关系，国内学者也做了其他研究。

陈诗一（2009）探讨了以高能耗和高排放为特征的中国工业的可持续发展问题，认为节能减排已经成为中国工业可持续发展的内在要求。

王锋等（2010）采用对数平均迪式指数（LMDI）分解法，分析了经济增长与能源消费等因素对二氧化碳排放量的影响。

潘家华等（2010）认为未来中国经济增长应该满足低碳要求，他们比较了国内外各种有关低碳经济的定义，提出低碳经济是一种经济形态，强调的是发展模式，目标是低碳与高增长。低碳经济具有阶段性特征。

杨子晖（2010）采用非线性的Granger因果检验方法，证明了中国现阶段以排放二氧化碳为特征的能源消耗模式对经济增长的重要性日益显现，存在二氧化碳至经济增长的非线性Granger因果关系。同时经济对能源的刚性需求使得经济增长到二氧化碳的非纯属关系已逐步逼近显著区间。

庄贵阳等（2011）认为低碳发展有三个核心特征，第一是低碳排放，第二是高碳生产力，第三是阶段性。低碳排放需要重点区别发达国家减排与发展中国家减排的差异，发达国家低碳排放应是总量减排，而发展中国家的低碳排放则只要保证温室气体排放量的增加小于经济产出的增加，这符合公平原则。高碳生产力是指每单位碳当量排放所产出的GDP总量，即衡量经济增长的效率水平。阶段性是指对于发展中国经济转型的理想轨迹是必须保证经济增长的前提下，碳排放弹性的不断降低。

综上，尽管采用的方法有差异，但学者的基本观点大致相同，都认为经济增长与二氧化碳排放之间有很强的关系。但处于不同的经济发展阶段，二者的关系可能不同。目前中国二氧化碳减排需要符合阶段性特征，必须以保证经济增长为前提。

第二节　中国经济增长核算研究

改革开放后中国经济经历了三十多年的快速增长，关于中国经济增长核算的研究可谓汗牛充栋。吴敬琏等（2005）认为对经济增长核算，就是对推动经济增长因素的研究，也是对中国经济增长方式的研究。林毅夫和苏剑（2007）也同样认为全要素生产率或各种要素投入的变动对经济增长的贡献率是衡量经济增长方式的重要标准。

关于中国经济增长核算，以往研究中大都基于索洛增长模型或内生增长模型，赞同资本、劳动力（或人力资本）和全要素生产率增长是经济增长的主要动因。Chow（1993）研究表明资本形成是经济增长最重要的推动因素，而1952—1980年期间的技术进步贡献几乎不存在。Borensztein和Ostry（1996）则认为资本的贡献不如全要素生产率的贡献大，改革开放前全要素生产率贡献率为负，而改革开放以后对经济增长的贡献达到3.8个百分点，接近整体经济增长率的三分之一。李善同等（2005）认为，改革开放以来，中国经济增长的最大推动力量是资本的快速积累，1978—2003年平均对经济的贡献达到63.2%，贡献度其次的是全要素生产率的增长，接近30%，劳动力增长的贡献较小，并呈减弱趋势。林毅夫和苏剑（2007）就中国经济增长方式的转换问题进行研究，表明经济增长主要是由资本增长推动，其次是全要素生产率，劳动的贡献度最小。Holz（2007）的研究采用收入法核算名义GDP，从劳动报酬、资本折旧、税收以及营业盈余四个方面对名义GDP进行分解，认为中国经济增长主要归功于劳动力数量与质量的提高，并且这种贡献在未来还将持续。蔡昉等（2009）认为中国二元经济特征明显，城市化过程将带来巨大的人口红利，因此人口红利将带来要素投入的增长，从而支撑着中国经济的高速增长。

Krugman（1994）和Young（2000）对中国经济增长的后续推动力持悲观态度。Krugman（1994）依据对“亚洲四小龙”经济增长的经验研究，认为中国经济增长依靠大量资本、原材料以及劳动力投入的粗放式增长模式不可持续。Young（2000）指出改革开放以后中国非农业部门的全要素生产率很低。林毅夫和任若恩（2007）对Krugman（1994）的观点进行批判，指出Krugman对全要素生产率的经济理解不足，同时对不同发展程度的国家或地区在全要素生产率上的不同表现缺乏了解。同时，林毅夫和任若恩（2007）认为全要素生产率水平会随着产业水平提高而提高。

尽管大多数学者研究的结果都认可资本、劳动力和全要素生产率增长在经济增长中的作用，但是研究的方法与假设却有不同。这些不同主要集中在对总量生产函数的设定，包括生产要素变量的选择、是否将全要素生产率内生化以及如何对要素的产出弹性进行设定等。

对生产要素变量的选择问题，主要指的是一些学者选择以人力资本而不仅是劳动力，作为主要的生产要素进行经济增长的核算。王小鲁和樊纲（2000）对中国经济增长源泉的研究将资本、人力资本、劳动力和全要素生产率同时放入生产函数。Wang 和 Yao（2003）也对 1952—1999 年的中国人力资本进行估计，并将人力资本同劳动力一起纳入总量生产函数，研究经济增长的源泉。王小鲁等（2009）用人力资本替代了劳动力纳入总量生产函数，可以实现对知识水平不同的劳动者进行区别，而不同时期劳动者平均受教育水平的差异将对社会生产力产生影响。

是否对全要素生产率进行分解的问题，主要区别在于文献对全要素生产率的假设。传统的索洛余值法（郭庆旺和贾俊雪，2005）计算全要素生产率（张军和施少华，2003），往往将无法用要素增长解释的经济增长动因全部归结到全要素生产率的变化。但是该方法的缺陷是假设全要素生产率外生，很难解释哪些因素影响了全要素生产率的变动，这些因素又是如何影响全要素生产率变动的。而将全要素生产率内生化，使用结构变量或技术变量等来解释全要素生产率变动的原因，可以在对经济增长的预测中，更好地理解与分析全要素生产率的变化趋势。王小鲁等（2009）从市场化、城市化、外贸、外资、科技支出等 9 个方面考察了影响全要素生产率的因素。刘伟与张辉（2008）将产业结构与纯技术进步从全要素生产率中分解出来，考察了在经济增长中这两个因素对全要素生产率的贡献程度。李富强等（2008）依据 Rodrik 等（2004）的思路，以人均 GDP 为被解释变量，物质资本、人力资本、技术进步和产权制度等为解释变量，同时模型还引入金融和对外贸易因素作了对比分析。

对要素产出弹性的设定，文献主要采用两种方法：一种是假设法（李善同等，2005），即先验设定生产函数形式与要素弹性；另一种是检验法，通过实证比较选择最合适的情形。沈坤荣（1999）同时考虑了两种方法，既采用计量方法，分别以多种生产函数形式（Cobb-Douglas，超越对数，有无虚拟变量和时间趋势等），得到关于要素弹性的不同结果，又在文中通过假设不同的要素弹性来对比各种因素对中国经济增长的贡献度，结果发现，贡献度对要素弹性的差异还是比较敏感的。郭庆旺和贾俊雪（2005）采用计量回归得到物质资本的产出弹性约为 0.7，同时利用 Wald 检验证明规模报酬不变。尽管文献对参数的设定方法不同，但是基本都对规模报酬做了严格的假定，即要素之间满足规模报酬不变的条件。

目前基于低碳视角下对中国经济增长进行核算的研究相对比较少。袁富华（2010）建立了一个含有环境要素的增长核算框架，与经典增长框架类似，同样关注资本、劳动与技术进步，基于该框架，研究对低碳发展要求下未来的经济增长前景进行了分析，认为低速增长可能无法承受减排压力，技术进步和结构转型在未来经济增长中将发挥越来越大的作用。陈诗一（2010a）设计了一个基于方向距离函数的动态行为分析模型对中国工业未来的增长方式特别是节能减排对增长的影响进行模拟分析，认为从长期看来，节能减排行为不仅会有助于提高环境质量，而且能够同时提高产出和生产率，实现双赢发展。

综上，大多数研究表明，对中国经济增长的核算需要考虑中国的发展程度和阶段性特点，增长方式的转变主要是推动因素贡献度的转变。低碳视角对中国经济增长的核算研究需要从现阶段经济增长特点与节能减排入手。

第三节　中国全要素生产率的研究

郭庆旺和贾俊雪（2005）认为全要素生产率是分析经济增长的重要工具，是影响经济长期可持续发展的重要因素。目前，全要素生产率的测量已经成为中国经济增长问题研究的一个热点领域。尽管易纲等（2003）认为全要素生产率度量的方法是一个“仁者见仁，智者见智”的问题，至今还没有一个公认的结论。但几乎所有测度全要素生产率的方法都满足 Coelli 等（2005）的定义。Coelli 等（2005）将全要素生产率定义为经济中全部要素投入与产出之间的比值关系，要素投入少而产出多意味着全要素生产率高，反之则全要素生产率小。

Coelli 等（2005）进一步把全要素生产率的计算方法分成四种，增长核算法，指数分析法，数据包络分析法以及随机前沿面分析法。前两种方法一般采用时间序列数据，并假设所有生产单元有效率。而后两种方法基于截面或面板数据，并假设生产无效率，即并非所有生产单元都处于生产前沿面。另一种归类方法把增长核算法与随机前沿面分析法归为一类，因为这两种都基于参数估计模型，而指数分析法与数据包络分析法则属于非参数方法。当然，Coelli 等（2005）还提出了其他的归类方法，如根据对实证数据要求，对生产行为的假设或者是否考虑随机误差项等差异，还可以对以上四种方法进行不同分类。

目前文献对中国全要素生产率的度量，比较经常采用的方法是增长核算法与数据包络分析法。增长核算法基于经济增长核算模型，认为全要素生产率是指各要素（如资本和劳动等）投入之外的技术进步或能力提高所导致的对产出增加的贡献，通常在估计总量生产函数后，以产出增长率扣除各要素投入贡献之后的余值来衡量。最早由诺贝尔经济学奖得主罗伯特·索洛（Solow，1956）提出，故也称为索洛残差或索洛余值。Li（2009）采用全国及各省1984—2006年物质资本和人力资本，研究了中国不同区域、不同投资来源以及不同所有制结构的全要素生产率。Zheng等（2009）采用向量误差模型，基于Cobb-Douglas生产函数，研究改革开放后中国全要素生产率变动，认为更加开放的市场和制度环境有助于未来中国经济增长。舒元（1993），王小鲁（2000），张军和施少华（2003），李善同等（2005）都采用了增长核算方法估计中国全要素生产率。

基于生产无效率的思想，认为并不是所有的生产单元都处于生产前沿面。采用数据包络分析法构建非参数模型，全要素生产率用来衡量投入或产出与前沿面的偏离，一般用曼奎斯特（Malmquist）生产率指数来表示。颜鹏飞和王兵（2004）采用数据包络分析法测度了1978—2001年中国30个省市自治区的技术效率、技术进步及Malmquist生产率指数，结论表明总体看来中国全要素生产率是增长的，人力资本和制度因素起了重要作用。岳书敬和刘朝明（2006）采用非参数方法的Malmquist指数测度1996—2003年全要素生产率，研究发现引入人力资本要素后，全要素生产率的增长得益于技术进步，若不考虑人力资本，则低估了同期的效率提高程度，高估了期间的技术进步因素。由于非参数模型无须对生产过程进行描述，因此对投入与产出变量的引入相对自由。张宁等（2006）应用数据包络分析方法评测中国各地区健康生产效率。魏楚和沈满洪（2007）在投入中引用能源要素，基于数据包络分析方法构建了相对前沿的能源效率指标。王兵等（2010）将二氧化硫与化学需氧量作为非期望产出，研究中国区域环境效率与环境全要素生产率的变化情况。

当然，也有学者采用指数分析法与随机前沿面分析法对全要素生产率进行研究。郭庆旺和贾俊雪（2005）采用代数指数法，把全要素生产率表示为产出数量指数与所有投入要素加权指数的比率。Wu（2000）基于中国区域数据，采用随机前沿面方法估计中国全要素生产率，并分解出技术进步与效率改进的贡献。涂正革与肖耿（2005）运用中国大中型工业企业 1995—2000 年期间的年度企业数据，基于随机前沿生产模型，系统地研究中国工业行业全要素生产率的增长趋势。

综上，尽管测度全要素生产率的方法不同，而且学者们的研究结果各异，但总体上看，全要素生产率是分析现阶段中国经济增长的重要工具，增长核算法适合从参数化模型中解释影响全要素生产率的因素，而数据包络分析法的非参数模型对投入与产出变量的控制更加灵活，对全要素生产率的分析更有针对性。

第四节　关于要素配置效率的研究

全要素生产率可以从两个方面进行理解，一个是从技术水平或技术效率方面，另一个是从要素配置效率方面。目前中国要素市场化程度不高且市场机制不完善已经成为中国现阶段市场化改革的重点。中国经济增长与宏观稳定课题组（2008）认为中国未来的新增长机制，政府转型是关键，同时更多地让市场发挥激励创新和优化配置资源的功能，以促进经济的可持续增长。因此，研究中国要素配置效率或要素配置的有效性成为理解中国全要素生产率的重要问题。

较早对要素配置作用进行研究的是 Lewis（1954），他提出二元经济的古典模型，认为要素流动限制会对经济增长产生阻碍。而学者们关于中国要素配置效率的研究，是从大规模体制改革和城市化进程加快之后才逐渐开始的。蔡昉和王德文（1999）估计了劳动力、人力资本和劳动资源重新配置对中国经济增长的贡献，认为企业制度改革与城市化进程可能使得中国具有劳动力资源重新配置带来的经济增长动力。中国社会科学院经济所宏观课题组（2000）指出，价格管制性因素和准入市场壁垒造成了需求和供给结构的严重扭曲。Wu（2003）指出中国经济增长以劳动要素配置优化为特征。经济增长前沿课题组（2003）认为完善资源配置方式，将是应对挑战、保持中国经济持续增长的保证。Maddison（2007）认为资源（包括土地、资本、劳动等）配置效率提高帮助了中国经济保持较快增长，特别是改革开放后农村地区的劳动要素配置效率提高，小型企业和服务业吸收了农业剩余劳动力。

有些研究集中于对工业行业或农业的要素配置讨论。方军雄（2006）采用中国行业面板数据，借鉴 Wurgler（2000）的资本配置效率估算模型，研究中国市场化进程对资本配置效率的影响，研究表明随着市场化程度增大，资本更快地实现由低效率领域向高效率领域的转移，资本配置进一步优化。李玉红等（2008）基于微观数据采用偏离份额方法，分析技术进步和资源重新配置在工业生产率变动中的作用，结论表明技术进步贡献和资源重新配置贡献对工业生产率的增长贡献分别占到一半，说明现阶段企业演化带来的资源重新配置是中国工业生产率增长的重要途径。张军等（2009）采用中国工业分行业数据，估算了工业分行业随机前沿生产函数，由工业结构改革引致的行业间要素重置对工业生产率乃至工业增长起到实际推动作用。姚战琪（2009）采用跨产业面板数据，同时基于数据包络分析法和随机前沿生产函数法对 1985—2007 年中国经济总体和工业部门的生产率增长和要素再配置效应进行了比较分析和评估，两种方法的结果都显示出，由于部门内部要素配置的不合理和要素在部门间配置的扭曲造成要素总配置效应较小，进一步表明中国要素配置对生产率的贡献效应仍有较大的改进空间。Chen 等（2010）采用随机前沿分析法对工业 38 个行业的实证分析表明，中国要素市场改革和工业行业的结构调整主导了要素配置效率变化的总体走势。朱喜等（2011）建立了一个不完全竞争的理论模型，研究各地区农户要素配置扭曲对全要素生产率的影响，结论表明东部和西部地区的资源配置扭曲比较严重，中部和东北地区的配置效率较高，如果有效消除资本与劳动配置的扭曲，全要素生产率将得到明显增长。

还有些文献基于省份面板或企业微观数据来研究。龚六堂和谢丹阳（2004）比较了不同省份之间资本存量和劳动的边际生产率差异的变化趋势，以研究中国各省份之间的生产要素配置有效性问题。袁堂军（2009）利用中国上市公司的财务报告数据基于企业生产函数，估算了企业全要素生产率，进而测算资源配置效果，他认为如果市场机能完善，那么要素会选择流向边际生产率高的企业，有利于提高全要素生产率。

面对现阶段中国经济遇到的能源与环境压力，一些学者开始关注有关能源或环境产品的配置效率。林伯强和姚昕（2009）指出中国地域辽阔，能源资源与需求逆向分布，能源综合运输体系除了承担基本能源输送功能之外，还可肩负能源和环境资源优化配置的功能。张红凤等（2009）认为环境资源的公共品性质和环境问题的负外部性，以及微观经济主体的机会主义的存在，环境问题靠市场机制自身难以解决，为实现社会福利最大化，政府需实施环境规制。

综上，虽然对中国要素配置作用的研究文献较多，但是测算与评估要素在部门间再配置对促进经济持续增长贡献的定量研究还比较少，特别是在低碳视角下考虑能源或环境要素的配置效率与扭曲程度的研究还相对缺乏。

第五节 对外贸易的二氧化碳排放研究

改革开放之后，对外贸易对中国经济增长做出的贡献有目共睹。樊纲（2010）认为贸易除了获得利润之外，对经济增长最大的贡献是将相对充裕的劳动力要素利用起来，以发挥比较优势，获得更大的市场。但二氧化碳排放问题的国际化，使得全球贸易变得复杂，林伯强（2011）指出，由于产出和能源效率的不同，在不同国家生产某一个产品的二氧化碳排放量是有区别的，传统的低收入国家生产，在高收入国家消费的国际贸易模式，可以导致更多的碳排放。陈迎等（2008）也指出贸易全球化导致生产与消费活动归属不同的国家，排放在国际贸易背景下转移，掩盖了消费国不承担排放责任的事实。

基于对外贸易对现阶段中国经济增长的重要性，以及中国二氧化碳排放问题的严峻性，学者们近年来纷纷开始研究与贸易相关的内涵碳或内涵能源问题。

沈利生（2007）利用投入产出模型测算了2002—2005年中国货物出口与进口对能源消费的影响，结论表明对外贸易有利于节能，但有利影响正在减小，而减小的原因主要是由于外贸质量下降，结构趋坏。同时沈利生（2007）认为有针对性改变对外贸易产品结构，则有助于释放节能潜力。刘强等（2008）对中国46种主要出口贸易产品的出口载能量进行分析，结论显示这些产品在出口过程中带走了13.4%的国内一次能源和14.4%的二氧化碳排放，尽管出口量扩大带来外汇收入与经济增长，但也造成了许多不利的外部性。陈迎等（2008）认为中国是内涵能源的净出口大国，以进口制成品替代本国生产对国家整体而言不仅有助于产业整体的技术进步，还有明显的节能效益。Yan 和 Yang（2010）分析指出 1997—2007 年间，中国 10.03%—26.45% 的二氧化碳是因生产出口产品而排放的，而内涵在进口商品中的二氧化碳量只有 4.40%—9.05%，进一步估计得到全球由于“中国制造”在 1997 年减少了 1.50 亿吨二氧化碳排放，同时 2007 年减排量达到 5.93 亿吨。Yan 和 Yang（2010）指出规模效应和结构效应是导致贸易内涵碳的主要原因，而技术进步对贸易内涵碳有较小的减排效果。Chen 和 Zhang（2010）估计了中国包括二氧化碳、甲烷和氧化亚氮在内的温室气体 2007 年内涵贸易情况，其中与能源相关的二氧化碳排放占 63.39%，非能源相关的二氧化碳排放占 22.31%，甲烷排放占 11.15%，氧化亚氮排放占 3.15%，其中 81.32% 的温室气体排放来自于电力、热力与水生产与供应业等五个部门，建筑业部门产品的内涵温室气体最高，2007 年中国出口产品中内涵温室气体 30.6 亿吨二氧化碳当量。Chang 等（2010）着重研究了建筑工程相关内涵能源与二氧化碳排放，结果表明，建筑工程内涵能源消费占总能源消费的近六分之一，到 2015 年可能过到五分之一。Xu 等（2011）分析 2002—2008 年中国出口产品内涵二氧化碳排放，并采用结构分解法（Structural Decomposition Analysis，SDA），从排放强度、经济结构、出口构成和出口总值四个方面研究出口内涵碳增长的因素，结果显示，除了排放强度之外，其他三个因素特别是出口构成造成了出口内涵碳增长。

有些文献将国际贸易与省际贸易联系在一起，采用多区域投入产出表研究内涵碳的问题。Su 和 Ang（2010）根据环境投入产出分析框架，基于 1997 年中国多区域投入产出表，将中国分成八个区域进行空间加总，以分析贸易中内涵的二氧化碳排放，研究表明对于中国这种大国而言，空间加总的研究更有意义。Guo 等（2012）基于中国 2002 年多区域投入产出表，涵盖了中国30个省市自治区，以省区视角研究国际贸易与省际贸易中内涵的二氧化碳流动。Guo等（2012）的研究发现，国际贸易中，东部地区是二氧化碳净出口最多的区域，劳动密集型产业是二氧化碳净出口最多的产业，而省际贸易中最明显是东部地区向中部地区的二氧化碳流动，同时能源密集型产业作为主导。

一些文献则着重分析与中国对外贸易相关的内涵碳流入国。Liu和Ma（2011）估算2007年中国净出口4.84亿吨二氧化碳，占总排放的8.59%。而出口与进口分别占总排放的30.56%和21.97%。从部门来看，制造业与纺织业是最大的净出口部门。Liu和Ma（2011）还分析了接收中国出口二氧化碳的贸易伙伴，最大的是中国香港，其次是美国、荷兰、英国等，考虑到大部分进口美国的商品由香港转口，因此研究认为，中美贸易之间的内涵碳可能要比估计来得多。

还有一些学者特别关注了双边贸易中的内涵碳流动。如Liu等（2010）着重分析了1990—2000年的中日双边内涵碳流动。Li和Hewitt（2008）关注了2004年中国与英国贸易中内涵碳排放。Du等（2011）研究中美双边内涵碳问题，发现2000—2005年中国内涵碳净出口上升，而2005—2007年下降。尹显萍和程茗（2010）也测算了2000—2008年中美商品贸易中的内涵碳，但却没有发现净出口下降的情况。

一些学者把焦点放在对环境规制对国际贸易影响的研究。傅京燕和李丽莎（2010）研究表明环境规制会影响中国产业的国际竞争力，而污染密集型产业竞争力不断提高并逐渐获得较强的竞争优势，因此中国应尽量减少不利于环境的产品出口，特别是以加工贸易形式的出口。陆旸（2009）根据“污染避难所效应”，对环境规制是否影响国际贸易模式进行研究，结论表明政府通过降低环境规制水平以获得污染密集型商品比较优势的做法是不可取的，相反，适度地提高环境规制水平却可以获得污染密集型商品的出口竞争优势。

一些学者对行业内涵碳出口进行讨论。Su 等（2010）基于中国 2002 年投入产出表，分析了中国 10 部门到 144 部门不同的行业加总范围下的贸易内涵碳排放。朱启荣（2010）利用投入产出模型，测算了 2002 年与 2007 年中国出口贸易活动产生的二氧化碳排放量，实证分析了我国出口商品结构存在高碳的特点，并且高碳产品正在向出口行业转移。张为付和杜运苏（2011）在考虑进口中间投入品的条件下，研究中国对外贸易中隐含碳排放的失衡量，结果显示，中国出口隐含碳数额可观，而且行业集中度较高。

还有一些学者关注能源补贴转移，或对常规方法进行了改进。周勤等（2011）研究中国能源补贴政策对提高中国出口产品竞争力的作用机理，并计算得到中国全部能源补贴中有 10% 通过出口产品净补贴给国外消费者，出现巨大的外贸顺差与严重的生态逆差并存的情况。李树林和齐中英（2011）基于使用表与产出表而非投入表与产出表来估计中国各产品部门的隐含排放系数，两者的不同在于使用表和产出表是矩形表，而非方形表，因此需要采用 OLS 估计，并对隐含系数进行显著性检验。兰宜生和宁学敏（2011）运用投入产出偏差模型对不同年份出口产品中的内涵碳排放进行因素分解，结果显示，技术效应的正作用比较明显，而结构效应还具有较大潜力。傅京燕和张珊珊（2011）基于多边投入产出模型和单边投入产出模型比较计算了 1996—2004 年中国 16 个制造业对外贸易隐含二氧化碳的排放情况，并采用贸易隐含污染平衡和环境贸易条件指标检验中国对外贸易的碳平衡问题。

尽管大多学者认为对外贸易造成了中国内涵碳顺差或生态逆差，但也有一部分学者认为贸易对减排有利。李小平和卢现祥（2010）运用中国 20 个工业行业与 G7 和 OECD 等发达国家的贸易数据，采用环境投入产出模型和净出口消费指数等方法研究国际贸易，污染产业转移和中国工业二氧化碳排放问题。李小平和卢现祥（2010）的结论发现，中国出口产品隐含的二氧化碳排放中，国内生产的二氧化碳比例减少，国际贸易能够减少中国工业行业的二氧化碳排放总量和单位产出的二氧化碳排放量。彭水军和刘安平（2010）基于一个开放经济系统的环境投入产出模型，利用中国 1997—2005 年可比价投入产出表以及环境污染数据，测算了包含大气污染与水污染在内的四类污染物历年的进出口含污量和污染贸易条件。彭水军和刘安平（2010）的研究表明中国出口品比进口品更“清洁”，参与国际贸易对中国污染减排有利。

综上，几乎所有学者的研究都表明国际贸易增加了全球二氧化碳排放，而中国由于大量商品与服务的出口，始终处于内涵碳出口国的地位。但基于低碳视角结合中国现阶段经济增长特点，着重分析中国对外贸易结构变化的文献相对较少。

第六节 中国二氧化碳排放影响因素研究

目前二氧化碳排放的快速增长与中国现阶段经济增长的特征密切相关。从二氧化碳排放的驱动因素着手分析，有助于更好的理解如何在保证经济增长的前提下完成二氧化碳减排目标。

Ang 等（1998）提出了对数平均迪式分解法（Logarithmic Mean Divisia Index，LMDI），并应用该方法对中国工业部门基于能源消费的二氧化碳排放进行研究，结果表明该方法有效解决分解中的剩余项问题。Ang 和 Zhang（2000）对 124 篇利用分解技术的文献进行综述，其中 109 篇用了指数分解法。此后，LMDI 分解法在研究中国二氧化碳排放问题上，得到了众多学者的广泛应用。

Wang 等（2005）采用 LMDI 分解法对 1957—2000 年间中国二氧化碳排放进行因素分解，表明能源强度对减排的影响最大，而能源消费结构变化特别是非化石能源比例提高也有一定的减排贡献。Liu 等（2007）基于中国工业 36 个行业的二氧化碳排放进行研究，运用 LMDI 分解法得到工业经济增长和工业终端能源强度是影响二氧化碳排放的最重要因素。宋德勇和卢忠宝（2009）基于“两阶段”LMDI 方法对中国碳排放的影响因素和周期波动进行研究，结论显示不同阶段的不同经济增长方式对碳排放波动有显著影响。Liu 和 He（2010）同样基于 LMDI 分解法对 1980—2007 年三次产业排放进行分解，指出经济增长是引起二氧化碳排放增长的最大贡献因素，产业结构、排放系数以及人口也对二氧化碳增长有正向影响。王锋等（2010）运用 LMDI 分解法，将中国 1995—2007 年间二氧化碳排放增长率分解为 11 种驱动因素的加权贡献，并对这一时期中的 6 个时间段和每一种驱动因素进行了研究。王锋等（2010）的结果表明，人均 GDP、交通工具数量、人口总量、经济结构、家庭平均年收入等驱动因素对二氧化碳排放具有正向贡献，而生产部门能源强度、交通工具平均运输线路长度、居民生产能源强度对排放的贡献是负向的。陈诗一（2011）采用 LMDI 方法，对改革开放以来中国工业两位数行业二氧化碳排放强度变化原因进行分解，能源强度改善、能源结构和工业结构调整有利于碳排放强度降低。Tan 等（2011）将二氧化碳排放分解出电力相关与非电力相关，LMDI 方法分解的结论表明，电力行业效率提高对中国二氧化碳强度下降起到关键性作用。

除了采用 LMDI 方法，一些学者也采用其他方法研究中国二氧化碳的驱动因素。

郭朝先（2010）基于双层嵌套结构式的结构分解分析

（Structural Decomposition Analysis，SDA）方法，构建了一个扩展的（进口）竞争型经济—能源—碳排放投入产出模型，从总体经济、分产业以及工业分行业等多个维度对 1992—2007 年中国二氧化碳增长因素进行研究。结果表明，能源消费强度效应始终是碳减排最主要的因素，最终需求的规模扩张效应与投入产出系数变动效应是促使碳排放增加的主要因素。张友国（2010）则采用（进口）非竞争型投入产出表，估计 1987—2007 年中国贸易含碳量及其部门分布和国别流向，并通过结构分解法分析了六个因素对二氧化碳排放的影响。

林伯强和刘希颖（2010）针对中国当前阶段性经济增长和能源消费特征，对 Kaya 恒等式进行修正，引入城市化因素，并运用协整方法研究二氧化碳排放量与主要变量之间的长期均衡关系，结论表明，通过控制城市化速度和将城市化进程作为低碳发展的机会来实现低碳转型。

杨子晖（2011）采用有向无环图技术方法，对中国经济增长、能源消费与二氧化碳排放的动态关系展开深入研究，并结合递归分析法，考察增长、能源、排放三者之间关系随时间的演变轨迹。杨子晖（2011）研究的结果表明，能源消费与碳排放是支撑中国经济增长的主要因素。

综上，大多数学者普遍接受采用 LMDI 分解法对二氧化碳排放影响因素进行研究，但较少文献结合中国现阶段经济增长的城市化、重工业等特点展开深入分析，同时采用此法对未来二氧化碳减排目标实现路径进行研究的文献也较少。

第三章　现阶段经济增长特征与碳减排压力

第一节　中国经济增长阶段性宏观特征

一　中国经济增长总量特征

（一）经济快速发展

1949年至今，中国经济经过62年的发展，综合实力快速崛起。特别是改革开放以来，中国经济更是取得了举世瞩目的成就。根据《中国统计年鉴2011》的数据，1952—2010年，中国国内生产总值（GDP）的年均增长率为8.2%。其中1978—2010年平均增长速度高达9.9%。而1978—2010年同期，世界经济的平均增长速度仅为2.9%。这意味着改革开放至今的三十多年，中国持续以平均每年高出世界水平近6个百分点的速度高速增长。这一巨大变化被国内外一些学者称为“中国奇迹”（刘瑞翔和安同良，2011）。

表3－1　国内生产总值居世界前十位国家及地区比较

排名	1960年		1970年		1980年	
	国家	比重	国家	比重	国家	比重
1	美国	38.3%	美国	35.5%	美国	25.2%
2	英国	5.3%	德国	7.2%	日本	9.7%

续表

排名	1960 年		1970 年		1980 年	
	国家	比重	国家	比重	国家	比重
3	法国	4.6%	日本	7.1%	德国	8.4%
4	中国	4.5%	法国	5.1%	法国	6.3%
5	日本	3.3%	英国	4.3%	英国	4.9%
6	加拿大	3.0%	意大利	3.8%	意大利	4.2%
7	意大利	3.0%	中国	3.2%	加拿大	2.4%
8	印度	2.7%	加拿大	3.0%	巴西	2.1%
9	澳大利亚	1.4%	印度	2.1%	西班牙	2.1%
10	巴西	1.1%	巴西	1.5%	墨西哥	1.8%
排名	1990 年		2000 年		2010 年	
	国家	比重	国家	比重	国家	比重
1	美国	26.2%	美国	30.7%	美国	23.1%
2	日本	14.0%	日本	14.5%	中国	9.4%
3	德国	7.8%	德国	5.9%	日本	8.6%
4	法国	5.7%	英国	4.6%	德国	5.2%
5	意大利	5.2%	法国	4.1%	法国	4.1%
6	英国	4.6%	中国	3.7%	英国	3.6%
7	加拿大	2.7%	意大利	3.4%	巴西	3.3%
8	西班牙	2.4%	加拿大	2.2%	意大利	3.2%
9	苏联	2.4%	巴西	2.0%	印度	2.7%
10	巴西	2.1%	墨西哥	1.8%	加拿大	2.5%

资料来源：世界银行“World Development Indicators and Global Development Finance，2012”。

注：表格中的“比重”是指当年该国家或地区 GDP 占世界 GDP 的比重。

回顾中国经济与世界经济的发展过程，根据世界银行（World Bank）提供数据，按当年美元计价，1960 年中国 GDP 为

614亿美元，占全球的4.5%，排名第四；1970年为915亿美元，占全球的3.2%，排名第七；1980年比重下滑至1.7%，排名第十一；1990年比重继续下降至1.6%，排名仍为第十一位。2000年之后，中国经济总量与发达国家之间的差距越来越小。2000年超过巴西和意大利，排名上升至六位，比重上升至3.7%，2010年中国GDP为5927亿美元，占全球9.4%，超过日本成为全球第二。林毅夫（2009）对中国未来经济保持积极乐观的态度，他认为政府的经济刺激力度将激发投资空间，从而持续带动经济增长，以购买力平价来看，有可能在2020年成为世界最大的经济体。

（二）高储蓄与高投资明显

中国经济高速增长的一个显著特征是持续居高的储蓄与投资。改革开放以来，中国的国内储蓄率一直保持在30%以上，而且呈现平稳上升的趋势，在2003年之后进一步突破40%，近几年快速上涨，2010年达到历史最高的52.8%（见图3-1）。根据对居民储蓄量化分析（王小鲁和樊纲，2000），中国居民储蓄大幅度增长的主要原因中，预期不稳定性的比重最大为32.3%，其次是收入增长比重为18.1%，这些原因在未来10—15年可能将继续存在，储蓄总体规模还将稳定在40%—45%的水平之间。

伴随着中国储蓄率的提高，同时受市场导向的投资机制影响，中国改革开放以来一直保持着相对较高的投资率。1980年投资率为34.8%，之后一直波动上升，1992年达到相对高点40.6%，之后缓慢下滑。但从2000年开始，随着经济增长势头加快，投资率开始再度升高。2008年为应对全球金融危机，中央政府实施了四万亿投资计划，2010年投资率上升至47.4%，资本形成的能力明显加快。

改革开放以来，中国引进外资平均年增长速度超过20%，远高于同期经济增长速度。根据世界银行数据，以当年美元计价，

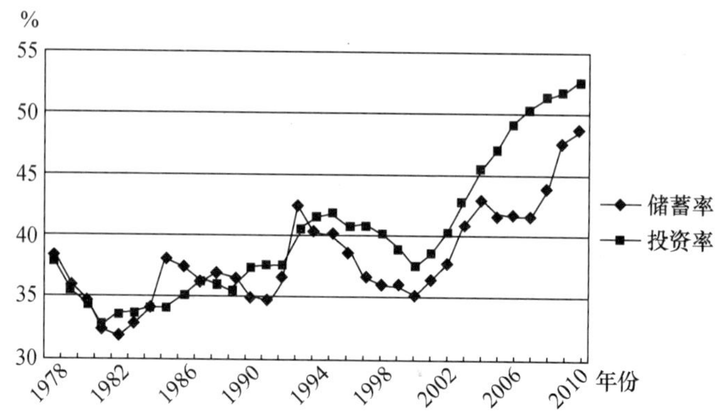

图 3－1 改革开放以来中国储蓄率与投资率变动趋势

资料来源：国家统计局《中国统计年鉴 2011》。

1982 年对外直接投资净流入 4.2 亿美元，至 1990 年，该数值上升至 34.9 亿美元。2000 年之后，随着中国经济开放程度提高，国内投资机会增多，中国对外直接投资净流入进入了快速上涨时期，2000 年对外直接投资净流入 384.0 亿美元，2005 年为 1172.0 亿美元，2009 年遭遇全球金融危机影响出现下滑，但净流入额仍保持在 1142.1 亿美元，2010 年随着全球经济形势回暖，对华投资又迅速上升至 1850.9 亿美元。从另一个角度看，中国引进外资额占全球国外直接外资的比重在改革开放以后也迅速上涨，1982 年该比重仅为 0.8%，1990 上升为 1.6%，2000 年达到 2.7%，至 2010 年该比重已经超过中国占全球 GDP 的比重，达到 13.9%，中国已经成为目前国际资本最重要的投资目的地（见图 3－2）。

从投资效率角度来看，中国固定资产投资效率在改革开放之后逐步提高。通常固定资产投资效率用资本的产出弹性指标来衡量，即表示为 GDP 的变化率除以固定资产投资的变化率。投资的效率越高，说明投资转化成产出的能力越强。固定资产投资效

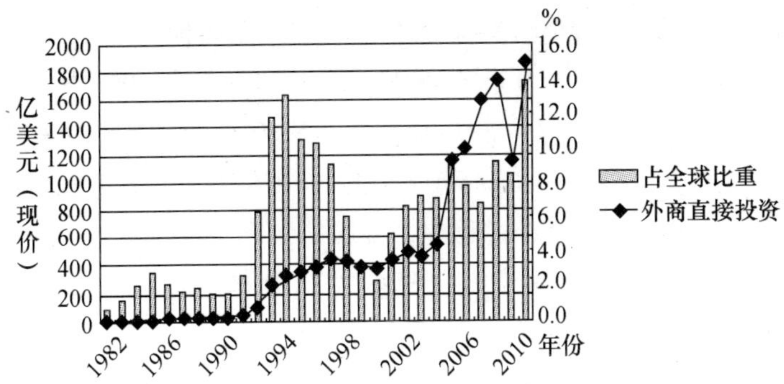

图 3-2　中国引进外商直接投资变动趋势

资料来源：世界银行 "World Development Indicators and Global Development Finance, 2012"。

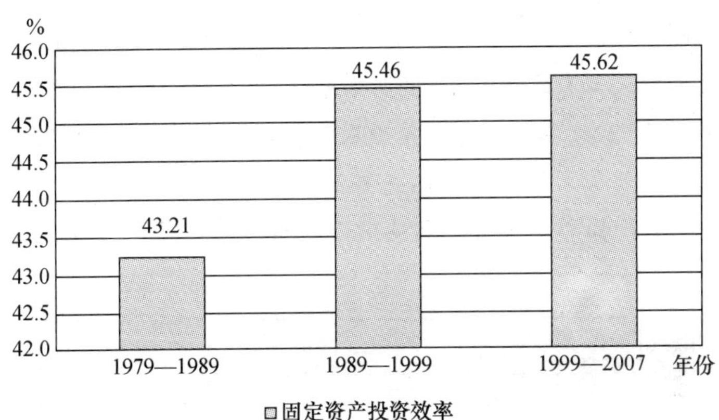

图 3-3　各时期中国固定资产投资效率

资料来源：国家统计局《中国统计年鉴 2009》。作者计算得到。

率在数值上表现为，固定资产投资增加 1% 转化为 GDP 的增长百分比。1979—1989 年，中国投资效率为 43.21%，1989—1999 年该效率上升至 45.46%，这一数值在 1999—2007 年达到 45.62%（见图 3-3）。固定资产投资效率的不断提高表明中国利用投资转化为产出的能力不断增加。虽然同世界上其他发达国家相比，中国目前的投资效率还存在较大差距，如日本在1961—1970年的资本产出弹性为57%，韩国1981—1990年的资本产出弹性为56%（王小鲁和樊纲，2000），但是对于体制改革不断深化的中国而言，未来经济增长过程中，中国的固定资产投资效率进一步提高可能存在较大的潜力，资本的产出弹性仍有明显的上升空间。

（三）出口增长但产业低端

中国经济增长与中国外贸地位提升几乎是同步的。中国目前已经成为世界贸易大国。根据《中国统计年鉴2011》数据，改革开放至今，中国对外贸易中出口额以及占GDP的比重不断增大，1978年仅97.5亿美元，占GDP的比重为4.6%，1990年增长至620.9亿，占GDP的比重上升至16.0%。进入21世纪，随着中国加入WTO，出口额迅速上涨，2000—2010年出口额年增长速度达到20.3%，2010年出口额占GDP的比重达到26.7%，总额达到15777.5亿美元（见图3－4）。

尽管出口总量很大，但从出口产品结构可以看出，中国还处

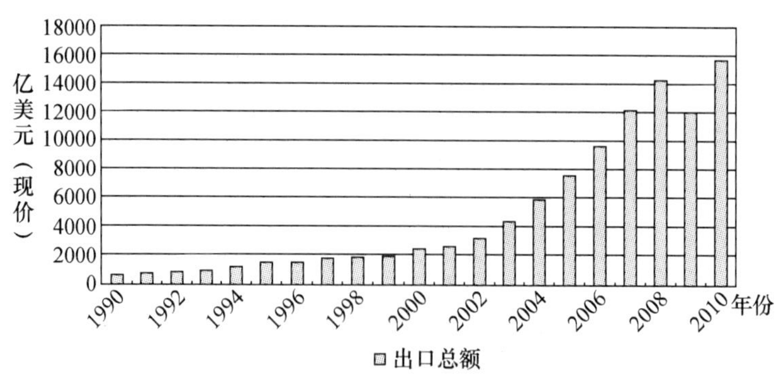

图3－4　历年中国出口总额变化趋势

资料来源：国家统计局《中国统计年鉴2011》。

于国际分工产业链中较低端的位置。2010 年，纺织服装、化工产品、机械设备、金属制品、仪器仪表所占比重超过了 80%。从要素分类上看，这些行业多属于劳动密集型与资源密集型产业，需求的价格弹性小，贸易条件不断恶化。虽然出口产品的技术含量较改革开放初期有所提高，但高技术密集型产品还没有成为中国出口的最重要组成部分，也不是中国出口增长最快的部分（樊纲等，2006）。从贸易方式上看，中国进出口贸易的一半左右是加工贸易，而加工贸易的海外市场与国内市场是截然分开的，加工贸易生产的产品不能进入国内市场（裴长洪，2009）。“中国加工、外国消费”的贸易方式不仅造成中国经济增长对外部市场的依赖，使得刺激内需动力不足，而且还可能造成国内生产加工留下的高污染、高排放、高耗能局面。作为中国的贸易伙伴，发达国家则通过进口方式来满足国内消费，却不需要承担生产过程中所产生的污染（陆旸，2009）。

二　城市化是经济增长的助推器

（一）不同阶段的城市化进程

通常采用城镇人口占总人口的比重来衡量城市化水平。根据《中国统计年鉴 2011》的数据显示，城市化正处于快速发展阶段，2010 年年末中国城镇人口占总人口的比重为 49.95%，城市人口接近 6.7 亿。2010 年全部地级及以上城市 287 个，市辖区 400 万人口以上城市 14 座，100 万至 400 万人口城市 110 座。

表 3－2　新中国成立后中国城市化进程的四个阶段

阶段	1949—1978 年	1979—1990 年	1991—2000 年	2001—2010 年
增长率	几乎为 0	0.71%	0.98%	1.37%

资料来源：国家统计局《中国统计年鉴 2011》。

中国的城市化进程大致可以分为四个阶段。第一阶段是从新中国成立后至改革开放之前，该时期的城市化水平比较低，而且城市化进程缓慢，城市化率大致稳定在17%—19%之间。1951年城市化率为17.98%，1978年基本相同，为17.92%。停滞了近三十年的城市化发展，导致了城乡隔绝，布局僵化，要素资源得不到充分流通，生产效率低下。第二阶段是从1978年至1990年，12年间中国的城市化率年平均增长约为0.71个百分点，得益于市场的开放，中小城镇得到迅速发展，人口与商品的流动加快，1990年中国的城市化率达到26.41%。第三阶段是20世纪90年代，由于放开农民工的进城限制，大量劳动力放弃生产率较低的农业劳动，向城市的非农产业转移，该阶段城市化率的年平均增长约为0.98个百分点，相当于每年有约1%的中国人口由农村转移至城市。第四阶段是从2000年至今，随着大城市建设的加快，各种优质资源朝着大城市集聚，无论是基础设施、教育资源或是生产效率、经济效益，大城市都明显强于中小城市。逐渐形成了农村人口向城市转移，小城市人口向大城市转移的局面。1998年全国市辖区总人口在200万以上的城市为20个（王小鲁，2010），2010年增至44个。该阶段的城市化进程发展最快，平均每年增加1.37个百分点（见表3-2）。2012年3月，温家宝总理在两会政府工作报告上提出，2011年中国城镇化率超过50%，标志着中国社会结构的一个历史性变化。

（二）城市化进程加快是客观规律

对比发达国家的发展历程，城市化是所有发达国家在发展过程中必须经过的发展阶段。从世界银行提供的数据看，中国2010年的城市化水平相当于日本20世纪60年代、韩国70年代的水平，与发达国家2010年的城市化水平还有很大差距，甚至还略低于世界平均水平。从世界不同收入国家的城市化比较来看，有以下几个特点：第一，所有国家都遵循着城市化的规律，经历着城市化率从低到高的过程；第二，相对来看，人均收入越高的国家，其城市化发展水平也越高；第三，中等收入国家城市化的速度要快于高收入与低收入国家，如 1990—2010 年，中等收入国家的城市化率提高了近 10 个百分点，而高收入国家和低收入国家城市化水平提高分别为 4.8 与 6.8 个百分点（见表 3-3）。

表 3-3　　世界主要国家的城市化水平　　单位：%

国家 / 年份	中国	美国	日本	韩国	印度	巴西	世界平均	高收入国家	中等收入国家	低收入国家
1960	17.3	70.0	43.1	27.7	17.9	44.9	32.8	61.1	25.2	11.0
1970	17.2	73.6	53.2	40.7	19.8	55.8	36.0	66.3	28.9	14.8
1980	19.4	73.7	59.6	56.7	23.1	67.4	39.1	70.1	32.9	18.6
1990	26.4	75.3	63.1	73.8	25.5	74.8	43.0	72.8	38.3	21.5
2000	36.2	79.1	65.2	79.6	27.7	81.2	46.7	75.3	43.3	24.4
2010	50.0	82.3	66.8	81.9	30.1	86.5	50.9	77.6	48.5	28.3

资料来源：除中国以外其他数据来自世界银行"World Development Indicators and Global Development Finance，2012"；中国数据来自国家统计局《中国统计年鉴 2011》。

世界各国都遵循着城市化水平不断提高的发展过程，共同反映出城市化是加速经济增长的助推器，城市化水平提高是经济发展的客观规律。同时，从高收入、中等收入和低收入国家的城市化变化情况可以看出，国家处于中等收入阶段时，其城市化进程将要明显加快。

（三）城市化对经济增长的作用

城市化对经济增长的贡献主要可以从两个方面进行解释，城市化拉动需求和城市化提高效率。

首先，城市化拉动投资需求包括住房投资需求、生产投资需求与基础设施投资需求。城市需要提供更多的住房、就业岗位以及与生产生活配套的基础设施。拉动投资需求的效应可能不仅反映在由于城市人口增多带来的数量效应，而且同时反映在由于人均拥有量提高而带来的质量效应。根据《中国统计年鉴 2011》的数据，2010 年全国城区建成区面积是 1990 年的 3.1 倍，人均拥有道路面积是 1990 年的 4.3 倍，人均拥有城市绿地面积是 1990 年的 6.2 倍。其次，城市化拉动居民需求包括消费需求、文化需求、教育需求、交通需求，等等。根据《中国统计年鉴 2011》数据，1990 年平均居民消费性支出 1278.9 元，2010 年上升至 13471.5 元；2000 年城镇每百户家庭拥有汽车 0.5 辆，2010 年上升至 13.1 辆；1990 年全国普通高校 1075 所，2010 年增加至 2358 所。

城市化提高效率主要通过城市聚集效应与学习效应得以体现。一方面，由于人口和产业朝着城市集中，使得生产要素市场和消费品市场容量扩大且流动速度加快，产业整合的能力增强。另一方面，城市化使得行业分工更加专业，技术、信息及金融等服务型产业促进了技术传播与创新，同时提高金融资本以及人力资本的流转速度，实现了配置的优化与资源的有效利用。在市场机制的带动下城市化的规模收益得到充分发挥，促进了技术效率与配置效率的提高。快速的城市化过程，将作为推动经济增长的主发动机，引领中国迈进发达国家的门槛（王小鲁，2010）。

三　重工化是中国城市化进程的必然要求

（一）中国两次重工化过程

工业化是一个国家，特别是一个大国走向强国的必经之路。新中国成立至今，中国的工业化经历了两次比较明显重工化过程。第二次世界大战以后发展中国家普遍把拥有独立、完整和强大的重工业部门视作一个强国的标志（徐朝阳和林毅夫，2010），中国的第一次重工化也开始于这一时期。中央政府制订了扶持重工业、赶超发达国家的发展目标，重工业一直被视为国民经济的主导，1952 年中国重工业比重仅为 35%，

1963 年上升至 55.2%。但扭曲的资源配置与粗放的经济增长方式，在第一次重工化的过程中牺牲了消费者的福利。第二次大规模的重工化与城市化进程几乎是同步的。20 世纪 90 年代末，城市化进程加快，大量农村人口向城市转移，这意味着中国需要大规模的城市住房与基础设施建设。因此，城市化对钢铁、水泥等重工业产品的需求也是大规模的。1990 年钢材产量为 5153 万吨，至 2010 年上升至 80277 万吨；同期，水泥产量、平板玻璃分别增长了 9.0 倍与 8.2 倍。随着经济增长与收入提高，居民对汽车的需求也不断提高，2009 年中国已经超过美国成为汽车增量最多的国家，2010 年的汽车产量相当于 1990 年的 35.5 倍（见表 3－4）。

表 3－4　　　　中国主要工业产品的生产量

类别 年份	钢材（万吨）	水泥（万吨）	平板玻璃（万重量箱）	汽车（万辆）	发电量（亿 kWh）
1990	5153	20971	8067	51.4	6212
1995	8980	47561	15732	145.27	10070
2000	13146	59700	18352	207	13556
2005	37771	106885	40210	570.49	25003
2010	80277	188191	66331	1826.53	42072

资源来源：国家统计局《中国统计年鉴 2011》。

（二）现阶段重工化过程的必然性

尽管中国政策制定者几乎在每次重要会议上都表示，未来工业发展的政策重心应该放在转变方式和调整结构之上，但现实的情况是中国的重工业比重一直保持上涨。根据《中国工业经济统计年鉴 2011》数据显示，2010 年重工业比重达到历史最高值 71.4%，较 2000 年增长了 11.2 个百分点。调整结构的目标很难改变经济发展的客观规律。根据20世纪30年代初德国经济学家霍夫曼（W. G. Hoffmann）根据发达国家工业化过程中总结的发展规律提出的“霍夫曼定理”，认为在工业结构演进过程中消费品工业与资本品工业的净产值之比（被称为霍夫曼系数）会逐渐变小，重工化是工业化的最高阶段。根据《中国工业经济统计年鉴2011》数据计算，中国改革开放之后轻重工业比重的变化情况大致可以分成三个阶段。中国1980—1990年期间的重工业与轻工业的比重在0.94—1.10之间，轻重工业的产值大致相当。1990—2000年期间重工业与轻工业的比重在1.04—1.15之间，伴随城市化进程的不断加快，重工业产值超过了轻工业产值。2000年至今，重工业与轻工业的比重1.50—2.49之间，重工业比重超过了三分之二，中国的工业化已经进入中后期阶段。

不同的国家虽然都经历了工业化，但在走向中高收入国家行列的过程中，不一定都必须经过重工业化阶段。每个国家只能在特定的国际环境下按自身比较优势和实际国情，来选择各自的经济增长方式。一些国家绕开重工业化的路子，但中国可能需要与美国、日本等大国的发展路径相似。2010年中国GDP占世界的9.4%，而钢铁与水泥的消费量却占全球的44.9%和56.2%。除了本国自己生产，世界上没有任何其他国家可以为中国提供如此多的钢铁或水泥，以支持中国完成城市化（林伯强，2009a）。因此，中国几乎不可能绕过重工化阶段以完成城市化过程，重工化过程是中国城市化进程的必然要求，是现阶段中国经济增长的最重要特征之一。

四　中国经济增长与中等收入陷阱

世界银行在2006年发布的报告“An East Asian Renaissance：Ideas for Economic Growth”中，提出在跨越人均GDP1000美元的“贫困陷阱”后，大多数发展中国家会随着惯性推动，很快达到人均GDP1000—4000美元的“起飞阶段”。但处于人均GDP4000

美元附近的中等收入国家很难再依靠原先的发展方式实现经济的持续发展，经济增长的后续动力不足，加之快速发展中所积累的经济社会矛盾爆发，经济增长可能长期停滞甚至出现回落，从而陷入“中等收入陷阱”。

从“二战”以来的新兴国家发展轨迹来看，只有日本和“亚洲四小龙”等少数国家和地区，成功地跨越了“中等收入陷阱”，而泰国、马来西亚、阿根廷、巴西等东南亚与拉美国家却长期徘徊在“中等收入陷阱”之中。从世界银行提供的人均 GDP 数据可以看到，阿根廷、巴西、马来西亚等国从人均 GDP1000 美元增长到 10000 美元左右经过了大致 40 年，而日本与韩国仅仅用了不到 15 年的时间（见表 3 –5）。中国 2000—2010 年人均 GDP 从 949 美元上升至 4428 美元，剔除汇率变动的因素，若以“十七大”制订的经济发展目标计算，2020 年中国人均 GDP 大致可以达到 7000 美元左右，接近较高收入国家。而能否实现这一成功跨越，关键的问题在于 2020 年之前中国经济增长是否有足够的推动力。

表 3 –5　　历史上主要中等收入国家的人均 GDP

单位：美元（现价）

国家＼年份	1963 年	1970 年	1980 年	1990 年	2000 年	2010 年
阿根廷	845	1317	2736	4330	7696	9124
巴西	289	441	1931	3087	3696	10710
泰国	118	192	681	1495	1943	4608
马来西亚	301	392	1803	2418	4006	8373
中国	74	112	193	314	949	4428
日本	718	1974	9171	24754	36789	42831
韩国	142	279	1674	6153	11347	20757

资料来源：世界银行“World Development Indicators and Global Development Finance，2012”。

著名经济学家保罗·克鲁格曼（Krugman，1994）曾针对“亚洲四小龙”经济增长撰文指出，东亚的经济增长完全可以用要素投入来解释，这种形式的增长与美国不同，美国的增长主要来源于全要素生产率的提高，因此东亚的增长方式无法持久。经过 1997 年东亚金融危机的验证，克鲁格曼的观点曾一度被认为是完全正确的解释。中国三十余年的经济增长也被认为主要是由投资推动，增长期间也积累了许多矛盾，诸如收入分配问题、市场化问题以及社会腐败问题。所以，避免出现拉美等国的经济社会问题，迅速、平稳、和谐地跨越“中等收入陷阱”，完成向较高收入国家的成功转型，可能成为政策制定者最关心的问题。

与巴西、阿根廷等国不同的是，中国的城市化过程提供了一个成功转型的机遇。王小鲁等（2009）、简新华和黄锟（2010）认为中国目前的城市化水平还相对滞后，2020 年的城市化率可能达到 60% 左右。这意味着未来 10 年有近 1.5 亿至 2 亿人口需要从农村转移到城市，巨大的投资需求将对经济增长产生推动作用。同时，城市人口需求水平高于农村，配合提高居民收入的积极政策，国内消费性需求可能被拉动，中国面向的主要市场可以从国外转移至国内，对外依存度下降，经济增长的外部风险也可能下降。换句话说，从历史的经验表明，跨越“中等收入陷阱”将成为现阶段中国经济增长的最根本目标，城市化为中国实现这一跨越提供了良好的机遇，而重工化进程将成为城市化的必然选择。

第二节　现阶段中国的能源需求特征

一　能源消费刚性增长

国内著名能源经济学家林伯强（2009b）认为，城市人口的能源消费是农村人口的 3.5—4 倍，城市化进程推动大规模城市基础设施和住房建设，拉动国内水泥和钢材的生产，即使技术进步有可能提高能源使用效率，为满足经济增长和社会现代化的需要，中国能源消费总量仍将经历一段刚性的高增长阶段。根据《中国能源统计年鉴2011》数据显示，1980年中国一次能源需求为5.9亿吨标煤，1990年上升至9.5亿吨，2000年达到13.9亿吨。2010年中国一次能源消费总量达到30.8亿吨标准煤，超过美国（BP，2011），成为全球能源消费最多国家。同时，从增长率上看，1980—1990年中国一次能源消费平均增长率约为5.0%，1990—2000年的平均增长率为3.9%，而2000—2010年随着城市化进程加快，工业化进程的重工化特征明显，一次能源需求的增长率达到8.2%，近十年能源需求上升2.2倍（见图3－5）。特别是2002—2005年，能源消费每年都保持两位数的增长。粗放型的增长模式下，各地对高耗能进行着大量投资，在维持着10%以上的经济增长率的同时，产生了巨大的能源需求。2004年，中国出现了大面积的电荒，特别是华东较发达地区，拉闸限电屡见不鲜，高峰时期电力供需缺口达2000万—3000万千瓦，相当于2004年发电装机容量的5%—7%。同时，2004年火电机组利用小时数5991小时，也达到历史的高点。

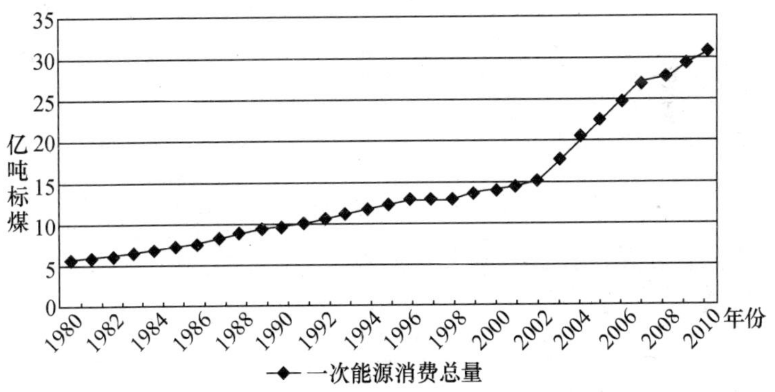

图3－5 中国一次能源消费总量变化趋势

资料来源：国家统计局《中国统计年鉴2011》。

根据世界银行数据，对照日本、韩国与中国的经济发展历程。1965—1975 年，日本人均 GDP 从 920 美元上升至 4515 美元，同期日本的年均经济增长率为 7.3%，城市化率提高 9.4 个百分点，对应一次能源消费年增长率为 8.3%；1978—1988 年，韩国人均 GDP 从 1383 美元上升至 4466 美元，同期韩国的年均经济增长率为 7.6%，城市化率提高 17.2 个百分点，对应的一次能源消费年增长率为 8.4%；而 2000—2010 年，中国人均 GDP 从 928 美元上升至 4428 美元，同期中国的年均经济增长率为 10.5%，城市化率提高 16.0 个百分点，对应的一次能源消费年增长率为 8.2%。通过对照日本和韩国的经济发展历程，可以发现，在中日韩三国各自人均 GDP 从 1000 美元上升至 4000 美元的十年里，呈现出经济增长率水平较高，城市化进程加快的共同特点，而且一次能源消费增长率几乎保持相同，都在 8% 左右（见表 3－6）。进一步说明伴随着城市化进程加快，能源消费上涨是各国的一种共性。但是由于中国人口数量庞大，2010 年的城市化率较日本 1975 年和韩国 1988 年的水平要低。这意味着仅仅从三国具有相同的人均 GDP 的年份看来，对比日韩两国，中国的城市化水平要相对滞后。因此，朝前看，如果中国跨越“中等收入陷阱”的目标是比较确定的话，那么城市化进程必

表 3－6　　中日韩快速增长阶段主要特征对比

国家	时期	一次能源消费增长率	经济增长率	城市化率增长
日本	1965—1975 年	8.3%	7.3%	9.4%
韩国	1978—1988 年	8.4%	7.6%	17.2%
中国	2000—2010 年	8.2%	10.5%	16.0%

资料来源：世界银行“World Development Indicators and Global Development Finance, 2012”。

将继续，而与城市化进程相对应，现阶段能源消费的上升也将是确定的。

二　能源效率偏低

中国在“十一五”国民经济与社会发展规划中明确提出到2010年末单位GDP能耗下降20%的约束性目标。这是第一次将单位GDP能耗作为约束性指标纳入五年规划，并作为最重要的考核标准分解到各省市自治区。提出这一约束性指标的根本出发点，便是基于中国现阶段能源效率偏低的事实。单位GDP能耗又被称为能源强度，是反映一国能源效率水平的综合性指标。能源强度越高，表示一国创造相同GDP所消耗的能源越多，反映一国的能源效率水平越低。

根据世界银行数据，测算了美国、日本、韩国、印度与中国从1970年至2010年的能源强度与世界平均能源强度水平的比值(见图3－6)。可以看到，由于日本国内资源相对匮乏，“二战”之后日本政府与民众有意识地积极推行节能高效的发展模式与生活方式，日本从1970年开始就一直处于世界能源效率较高的行列。而中国的能源强度一直高于世界平均水平，尽管2010年已经是中国能源强度的历史低点，但仍然是世界平均水平的2.7倍，印度的1.4倍，韩国的2.6倍，美国的3.7倍，日本的5.6倍。从能源强度比值的变化轨迹看，中国从1978年改革开放之后，能源强度比值总体保持下降趋势。然而值得注意的是从2002年至2006年期间，能源强度比值出现了一个明显的反弹。这是由于粗放式的重工化发展模式，导致了高耗能投资的不断增加，体现了现阶段中国经济增长特征对能源效率的影响。“十一五”期间政府提出了能源强度的约束目标，从2006年开始能源强度比值又再次下降。

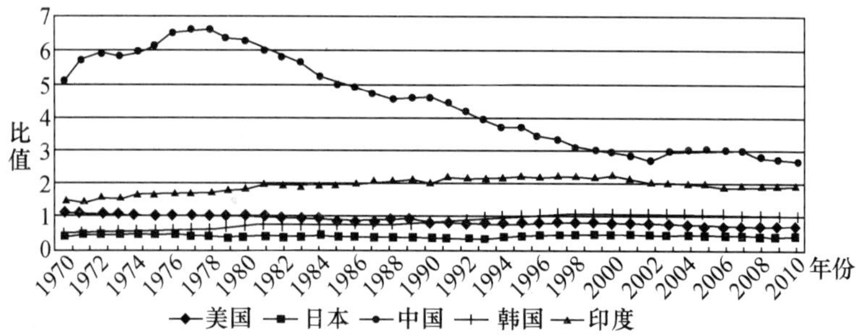

图 3-6 主要国家能源强度与世界平均水平比值

资料来源：各国 GDP 数据来自世界银行"World Development Indicators and Global Development Finance, 2012"；各国能源消费数据来自 BP《BP 世界能源统计 2011》。

三 能源结构以煤为主

能源结构以煤为主是中国现阶段能源需求的另一个显著特点（林伯强，2011）。根据《中国能源统计年鉴 2011》数据显示，中国一次能源消费结构中煤炭始终占据65%以上比重（见图3-7）。1980—1990 年，煤炭所占比重从 72.2% 上升到 76.2%。之后 1990—2002 年，比重持续下降，2002 年煤炭占一次能源消费结构比重下降到 68.0%。2003 年之后由于城市化与工业化对能源需求的提高，特别是电力缺口亟须火电作为补充，一次能源消费中煤炭的比重再次上升至 71.1%。2006 年之后，基于国家节能减排的政策约束，煤炭比重再次出现下降，2010 年煤炭占比又回到与 2002 年水平持平的 68.0%。

根据《BP 世界能源统计 2011》与《中国能源统计年鉴 2011》提供的数据，对比世界上主要国家的 2010 年一次能源消费结构情况（见表 3-7）。可以看到，2010 年美国、日本、韩国的一次能源消费都以石油为主，煤炭仅占到当年能源消费的 23.0%、24.7% 和 29.8%。而 2010 年法国以核电作为最主要的电力来源，占 38.4%，而煤炭的比重只有 4.8%。澳大利亚 2010

年煤炭与石油的比重大致相同，占到36.0%左右。这些国家之中，只有中国和印度是以煤炭为主，2010年煤炭占一次能源消费的比重分别为68.0%和52.9%。

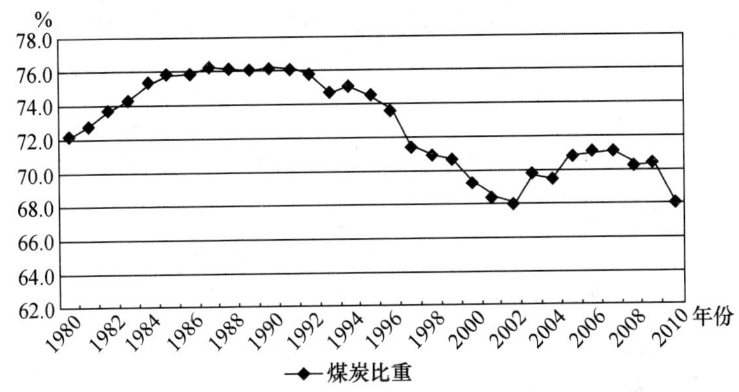

图3－7　中国煤炭占一次能源消费总量比重趋势

资料来源：国家统计局《中国统计年鉴2011》。

表3－7　2010年世界主要国家一次能源消费结构

国家＼类别	煤炭	石油	天然气	其他
美国	23.0%	37.2%	27.2%	12.7%
法国	4.8%	33.1%	16.7%	45.4%
日本	24.7%	40.2%	17.0%	18.1%
韩国	29.8%	41.4%	15.1%	13.6%
澳大利亚	36.7%	36.0%	23.1%	4.2%
中国	68.0%	19.0%	4.4%	8.6%
印度	52.9%	29.7%	10.6%	6.8%

资料来源：除中国以外其他数据来自BP《BP世界能源统计2011》；中国数据来自国家统计局《中国统计年鉴2011》。

中国以煤为主的能源结构特点有两个主要原因。最直观的原因是，这与自然资源的禀赋有关。中国的煤炭资源占全球的13.3%，而石油与天然气的比重只有1.1%和1.5%（BP，2011），相比之下，煤炭资源相对丰富的中国从工业化之初可能会更倾向选择以煤为主的能源结构来推动经济增长。从印度的自然资源禀赋也大致可以得到相似的特点。然而对比煤炭资源储量排名全球第一的美国，它的自然资源禀赋也是以煤为主，煤炭占全球的27.6%，几乎是中国的两倍，而石油与天然气的比重只有2.2%与4.1%。但是美国却没有选择以煤为主的能源结构。因此，资源禀赋可能并不是中国、印度等发展中国家现阶段选择以煤为主能源结构的最重要原因。而煤炭相对低廉的能源成本才应该是发展中国家选择煤炭的最根本原因（林伯强、孙传旺，2011）。根据CEIC中国数据库提供的数据，2009年中国单位热值煤炭的价格是石油的三分之一。要推动大规模的重工化进程，特别是城市化对高耗能产品的需求刚性巨大，过高的能源成本将大大削弱中国经济增长的比较优势。而且能源成本上升将从源头推高工业成本，导致较大幅度的通货膨胀压力，很可能将严重阻碍经济增长。能源成本关系到国家的发展和人民的生活，所以每当国家发改委要提高能源价格时，都显得异常艰难，且很难得到大多数社会舆论的支持。因此，理解中国以煤炭为主的能源结构更应该基于中国的发展阶段以及该阶段的经济增长特征，从能源成本角度进行分析。

第三节　低碳目标必须适应经济增长阶段特征

一　中国面临的二氧化碳排放压力

虽然以煤为主的能源结构可能会让中国以相对低廉的价格保

证城市化与工业化进程的顺利进行，但相比其他一次能源，单位热值煤炭的污染与排放是最严重的，以煤为主的能源结构具有很强的环境外部性。如果说没有二氧化碳对全球气候的影响，中国的环境与排放问题可能不会受到全球如此关注。二氧化碳对气温的影响与其他排放不同，其他大多污染物造成的是排放当地局部的污染沉积与环境恶化，换句话说，哪里排放，哪里被污染。而二氧化碳等温室气体排放至高空，则驻留在大气中，吸收地面反射的太阳辐射，导致地球表面变暖，二氧化碳对气候的影响是全球性的。

政府间气候变化专门委员会（IPCC）《第四次评估报告》（2007）表明，近百年来，大气中二氧化碳浓度上升了近30%，全球平均地面温度上升0.74℃。根据《BP世界能源统计2011》提供的数据，全球二氧化碳排放自1965年开始一直呈现上升趋势。2010年达到历史最高值331.6亿吨，约是1965年的2.8倍。从轨迹上看，全球二氧化碳在保持总体增长的趋势下也出现了一些增长相对平缓的时段，如1973—1983年中东战争时期，1990—1992年海湾战争时期，甚至在2009年全球金融危机时期还出现了较明显的负增长（见图3-8）。直观上看，在社会动荡，经济增长减缓的时期，二氧化碳排放量的增长也会出现停滞或下降。换句话说，只要在保证较快经济增长的前提下，减少二氧化碳排放量就可能相对比较困难。观察2002年之后全球二氧化碳排放的增量情况，除了2009年出现5.8亿吨的下降以外，每年都保持着一定增长。进一步对比2002年至今中国二氧化碳排放的增量，可以看到，几乎每年中国的增量都占到了全球增量的一半甚至更高。2002—2010年中国二氧化碳总的增量达到46.0亿吨，是欧盟2010年全年排放量的1.1倍。

根据《BP世界能源统计2011》的数据，从世界主要国家2010年二氧化碳排放量的分布上看，中国约占据了全球排放总量的四分之一，美国约为五分之一，但人均排放中国仅是美国水

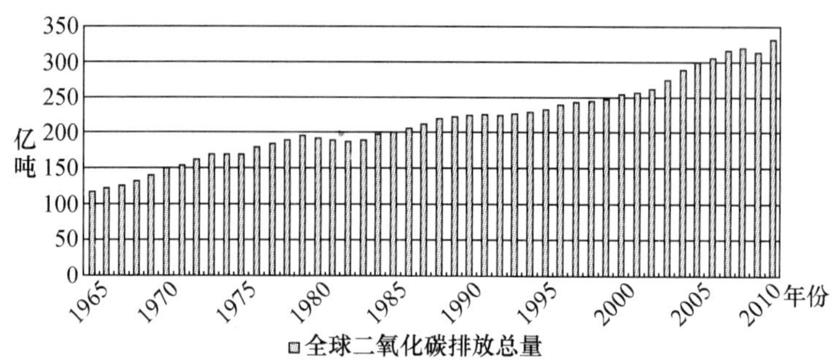

图 3-8　全球二氧化碳排放总量趋势

资料来源：BP《BP 世界能源统计 2011》。

平的 31%，韩国的 40%，日本水平的 60%，德国水平的 61%，英国水平的 70%。若累计世界主要国家从 1965 年至 2000 年的二氧化碳排放量，中国仅占全球排放的 9.5%，而美国、日本、德国等国分别占到 26.5%、5.2% 与 5.2%。即使算上中国城市化与重工化特征最明显的 10 年，1965—2010 年中国的排放也仅占到全球的 12.7%，而美国占到 25.0%（见表 3-8）。

表 3-8　　中国二氧化碳排放增量占全球增量比重

	2002 年	2003 年	2004 年	2005 年	2006 年	2007 年	2008 年	2009 年	2010 年
全球增量（亿吨）	5.0	12.1	13.7	9.5	8.4	9.7	2.7	-5.8	18.2
中国增量（亿吨）	2.3	6.4	7.4	5.7	5.9	4.6	2.1	3.6	7.9
中国增量占比（%）	46.5	53.3	54.4	60.4	69.8	47.2	74.8	—	43.2

资料来源：BP《BP 世界能源统计 2011》。

在多次联合国全球气候变化大会上，美国与中国都是全球关注的焦点。尽管包括中国等发展中国家一再强调人均排放权和发达国家历史排放责任，但短期内中国无可争议的增量与发达国家强硬的态度，使中国面临着巨大的国际压力。在哥本哈根气候大会上呼吁的应对全球变暖中应该坚持“共同但有区别的责任”的根本原则，已经成为全球大多数国家共识。

发达国家已经率先行动，利用各种手段试图将低碳发展目标作为本国经济的增长点。一方面，美国总统奥巴马在美国国内积极推动气候立法，令众议院通过了《清洁能源安全法案》，而且争取大量财政支持，出台《美国复苏与再投资法案》，投资总额达 7870 亿美元，主要用于新能源的开发和利用，并为能源部 2010 年申请 263 亿美元资金的预算，侧重开发替代能源。同时，美国制定严格的产品能效标准、耗油标准与建筑物能效标准，并于 2011 年 8 月重启核反应堆。美国的积极态度与具体行动一方面给中国施压，企图打乱中国城市化与工业化的发展步伐，另一方面也给中国一个警示，发达国家很可能会利用低碳发展的机会开发新技术、制定新标准，之后向外输出，成为其新的经济增长点（林伯强，2009a）。当然，发达国家还可能采取更加直接的方式对发展中国家施压，如征收国内碳税并扩大至对进口商品征收碳关税或强制征收反能源补贴税等贸易壁垒手段等（林伯强，2009a）。2008 年，欧盟通过法案决定将对所有抵离欧盟成员国境内机场的航班征收“航空碳税”，该法案于 2012 年 1 月 1 日起生效，欧盟已经开始对碳排放量进行测评和定价。继“航空碳税”之后，发达国家还可能打着碳减排的旗号，采取范围更大、程度更深的措施直接干预中国商品出口。在跨越“中等收入陷阱”、完成城市化与工业化的关键时期，2020 年之前中国经济增长在较大程度上仍需依靠外需拉动，出口对增长与就业贡献很大。如果“碳关税”全面实施，中国制造业可能面临平均 26% 的关税，出口量可能下降 21%（刘福寿，2010）。

2011 年中国政府在国民经济和社会发展“十二五”规划中

明确提出了“十二五”期间的碳减排目标，并分配至各省市自治区作为其经济社会发展的约束性指标。这一行动一方面表明中国政府对全球气候问题负责的态度与大国的风范，另一方面也表明国际碳减排的外在压力巨大，与其让发达国家不断施加压力，不如先进行自我约束，进行低碳式发展。

二　二氧化碳排放与经济增长的关系

如果说保障中国经济增长，跨越“中等收入陷阱”，完成城市化与工业化的目标是确定的，那么现阶段对能源的巨大需求也将是确定的。同时，基于能源效率相对较低与以煤为主的能源消费结构的特征，现阶段中国二氧化碳排放的增长可能也是确定的。因此，目前的二氧化碳排放问题，是现行中国经济增长方式的结果，而这种经济增长方式又是特定发展阶段的产物。

环境库兹涅茨曲线假设发展阶段与环境质量之间存在一定经验关系（Grossman 和 Krueger，1995），即随着人均收入水平的提高，环境污染程度先上升，达到一个转折点之后下降的经验轨迹。具体来说，经济发展阶段变化，污染程度会自觉或不自觉地存在一个先上升后下降的倒 U 形过程，如果违背规律，在排放上升阶段通过过多干预而强制减排，可能会对经济增长产生严重的负面影响。但若中国的温室气体减排被动等待拐点的到来，也将无法应对日益增长的压力（蔡昉等，2008）。

根据《BP 世界能源统计 2011》提供的各国二氧化碳排放数据，以及世界银行提出的各国人口与人均 GDP 数据，本章对 1965—2010 年间美国、法国、澳大利亚、日本、土耳其、韩国、印度以及中国的人均 GDP 与人均二氧化碳排放量之间关系进行拟合。根据林伯强和蒋竺均（2009）的二氧化碳环境库兹涅茨曲线模型，以人均 GDP 作为解释变量的二次方程形式，并采用对数形式。

模型的表达式可以写为：

$$y = \beta_0 + \beta_1 x + \beta_2 x^2 \tag{3-1}$$

其中 y 表示取对数后的人均二氧化碳排放量，x 表示取对数后的实际人均 GDP（以 2000 年美元不变价计算）。若 β_2 显著且为负，则表示人均 GDP 与人均二氧化碳排放量之间存在倒 U 形关系，符合环境库兹涅茨曲线假说（见图 3－9 至图 3－16）。

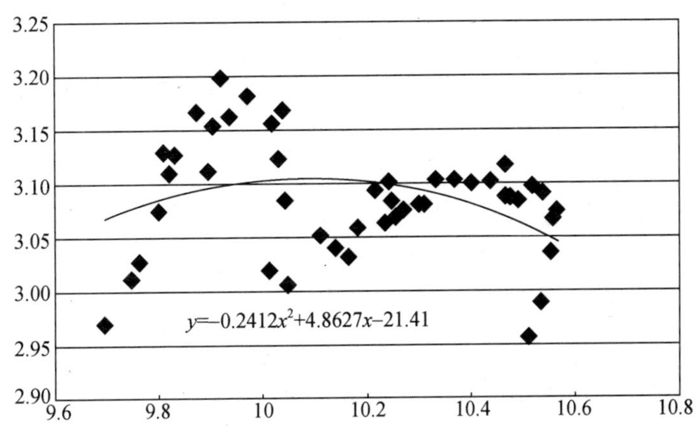

图 3－9　美国二氧化碳环境库兹涅茨曲线

注：横坐标表示取对数后的人均 GDP，纵坐标表示取对数后的人均二氧化碳排放量。

从回归结果来看，二次项系数的符号都为负数，并且都拒绝了零假设，表明以上国家人均二氧化碳与人均 GDP 之间都存在着倒 U 形关系，符合环境库兹涅茨曲线假说。从不同国家的散点图上可以看出，美国、法国、澳大利亚和日本等发达国家人均二氧化碳排放已经越过倒 U 形曲线的拐点，即随着经济增长与人均 GDP 的上升，人均二氧化碳排放量将呈现下降趋势，经济规律的作用已经可以使自发性的减排成为可能。土耳其、韩国等较高收入国家的二氧化碳环境库兹涅茨曲线已经出现了转折的倾向，而且韩国有较多散点已经集中在较接近倒 U 形拐点附近。中国与印度目前都处于倒 U 形曲线拐点的左侧，即随着人均

GDP的上升将导致人均二氧化碳排放的上升，而且印度收入较高的几个散点还出现一定程度的翘起，表明人均二氧化碳的上升趋势可能较快，并将持续较长一段时间。

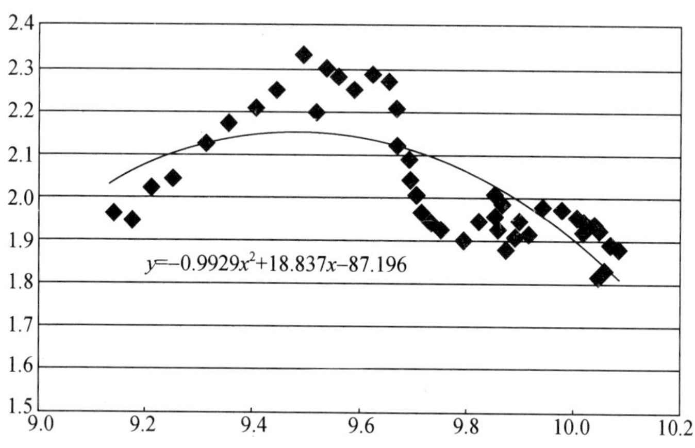

图3-10　法国二氧化碳环境库兹涅茨曲线

注：横坐标表示取对数后的人均GDP，纵坐标表示取对数后的人均二氧化碳排放量。

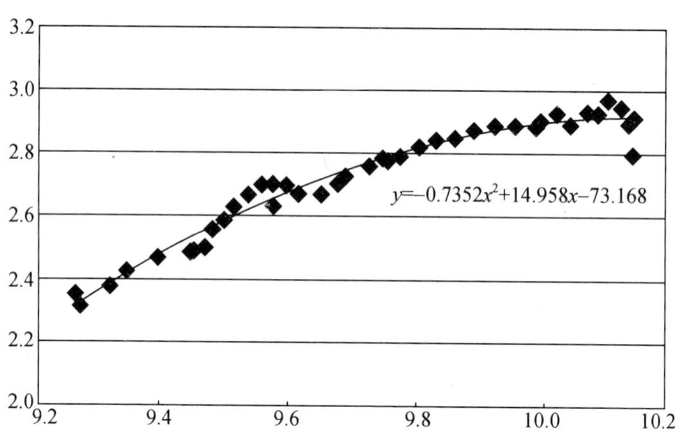

图3-11　澳大利亚二氧化碳环境库兹涅茨曲线

注：横坐标表示取对数后的人均GDP，纵坐标表示取对数后的人均二氧化碳排放量。

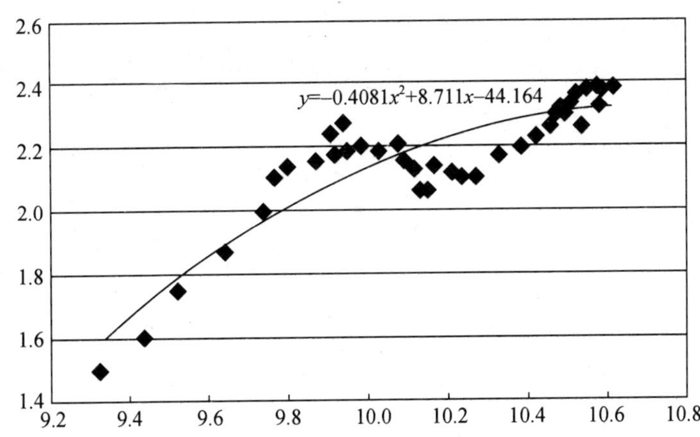

图 3－12　日本二氧化碳环境库兹涅茨曲线

注：横坐标表示取对数后的人均 GDP，纵坐标表示取对数后的人均二氧化碳排放量。

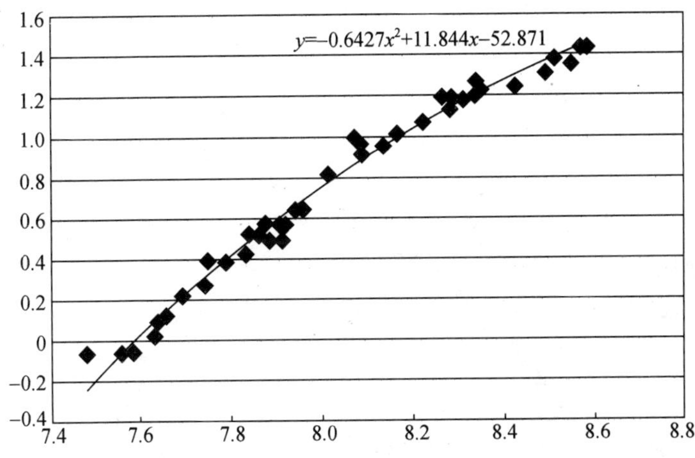

图 3－13　土耳其二氧化碳环境库兹涅茨曲线

注：横坐标表示取对数后的人均 GDP，纵坐标表示取对数后的人均二氧化碳排放量。

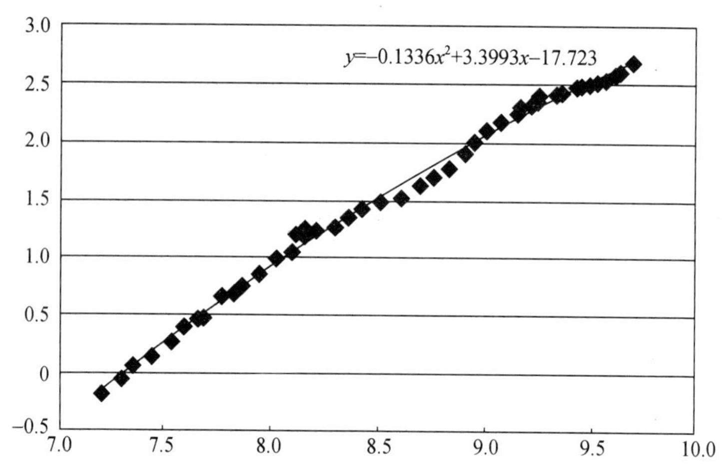

图 3－14　韩国二氧化碳环境库兹涅茨曲线

注：横坐标表示取对数后的人均 GDP，纵坐标表示取对数后的人均二氧化碳排放量。

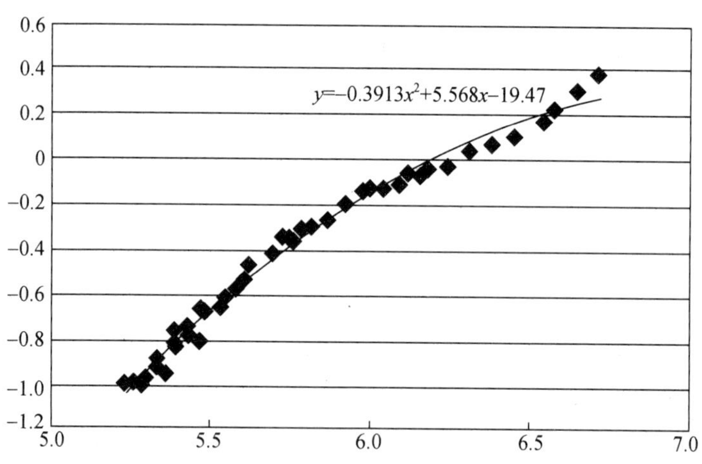

图 3－15　印度二氧化碳环境库兹涅茨曲线

注：横坐标表示取对数后的人均 GDP，纵坐标表示取对数后的人均二氧化碳排放量。

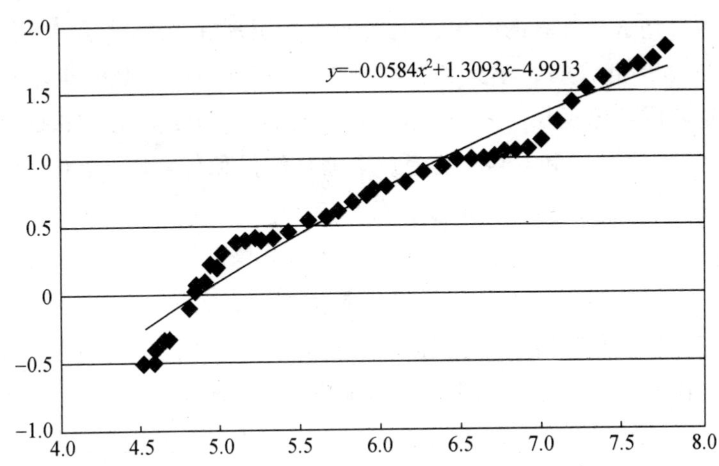

图3－16　中国二氧化碳环境库兹涅茨曲线

注：横坐标表示取对数后的人均 GDP，纵坐标表示取对数后的人均二氧化碳排放量。

表3－9　　各国二氧化碳环境库兹涅茨曲线回归结果

国家	β_1		β_2	
	系数	T 值	系数	T 值
美国	4.862	1.861 *	－0.241	－1.876 *
法国	18.837	4.954 **	－0.993	－5.040 **
澳大利亚	14.958	10.045 **	－0.735	－9.615 **
日本	8.711	4.207 **	－0.408	－3.973 **
土耳其	11.844	8.221 **	－0.643	－7.198 **
韩国	3.399	10.833 **	－0.134	－7.266 **
印度	5.568	11.165 **	－0.391	－9.273 **
中国	1.309	4.500 **	－0.058	－2.442 **

注：** 表示显著性水平 5%，* 表示显著性水平 10%。

根据本章对发达国家二氧化碳环境库兹涅茨曲线已经出现拐

点的时刻进行计算的结果，美国的拐点出现在 1985 年左右，法国在 1975 年左右，澳大利亚与日本大致都出现在 2008 年左右。而这四国在出现拐点时的人均 GDP 分别是 24000 美元、13000 美元、27000 美元和 43000 美元。根据林伯强和蒋竺均（2009）对中国二氧化碳库兹涅茨曲线的分析表明，仅仅通过对处于拐点左边的历史散点进行分析，很难准确预测与描述将来的二氧化碳排放情况。该结论与本章的分析结果类似，以人均 GDP 作为解释变量的二氧化碳环境库兹涅茨曲线只能用来描述过去的排放状况，而不太适合用来预测将来的排放拐点。换句话说，可以用倒 U 曲线较准确地分析，并计算得到美国、法国、澳大利亚与日本等发达国家拐点出现的时刻与人均 GDP 情况，以验证二氧化碳环境库兹涅茨曲线对人均 GDP 与人均二氧化碳排放之间规律描述的准确程度，却不能根据已有历史散点所拟合的倒 U 形曲线对发展中国家未来的排放进行准确预测。尽管如此，二氧化碳环境库兹涅茨曲线对发达国家、较高收入国家与发展中国家的二氧化碳排放历史轨迹的分析，可以得到倒 U 形曲线的客观规律的确存在。

通过对世界主要国家二氧化碳环境库兹涅茨曲线的拟合估计，大致得到三个结论。第一，二氧化碳排放的上升或下降与经济增长有很强关系，大多数高收入国家的人均二氧化碳排放都已呈现或将呈现倒 U 形曲线的趋势。因此，二氧化碳排放与经济增长存在倒 U 形关系。第二，由于各国的发展阶段与发展特征不同，某国到达倒 U 形曲线拐点的时间与相应的人均 GDP 值也将存在差异，有些国家已经超越拐点处于自发下降的阶段，而有些国家则将较长时期处于上升阶段，因此，不同经济增长阶段国家对他国二氧化碳减排所采取的政策与措施不能生搬硬套。第三，尽管对还未越过拐点的发展中国家，二氧化碳环境库兹涅茨曲线无法对未来的排放进行准确的预测，但是面对巨大的二氧化碳减排压力，中国应该考虑采取积极的减排政策，以应对全球气候变化。现阶段，中国必须选择与经济增长相适应的减排目标，在确保城市化与工业化进程不被中断的前提下，通过合理有效的减排手段，进行二氧化碳减排的努力，以使其环境库兹涅茨曲线倒 U 形拐点提前到来。

三 碳强度目标符合经济增长要求

中国的二氧化碳减排目标至少要满足两个条件。第一，减排目标要与外在压力吻合。国际社会二氧化碳减排的呼声越来越大，而中国以每年排放全球一半的巨大增量首当其冲，几乎所有的矛头都指向中国。2009 年 12 月哥本哈根联合国气候变化大会上，192 个国家谈判代表共同商讨 2012 年《京都议定书》承诺到期后，应对全球气候变化的新协议。中国、印度等主要发展中国家如何控制温室气体排放也为大会的主要议题之一。现阶段，发达国家要求中国减排的态度已经非常强硬，美国谈判代表托德·斯特恩在哥本哈根气候大会前表示“公共资金，特别是美国政府的公共资金，绝不会流向中国”。中国想完全依靠国外援助进行二氧化碳减排的可能性已经很小。因此，在减排问题上同国际社会讨价还价时中国政府将非常谨慎。减排目标必须是可以实现的，同时目标也必须对二氧化碳排放量的减少起到切实作用。在保证本国经济增长尽量不受他国干扰的前提下，尽量满足二氧化碳减排量“可报告、可监测、可核实”的国际要求。

第二，减排目标要与内在动力吻合。成功跨越“中等收入陷阱”，中国经济增长是现阶段的第一要务。减排目标首先要保证不能与保民生、促和谐的社会目标相冲突，若以牺牲民生，牺牲稳定为代价来迎合发达国家设置的标准，很可能导致改革开放以来取得的经济社会发展成果付之东流。其次减排目标必须兼顾中国经济增长的阶段性特点，城市化是经济增长的推动力，工业化是保障城市化进程顺利完成的重要保证，能源成本限制在较大程度上决定了以煤为主的能源结构，因此减排目标需要符合经济增长要求，与经济增长相适应。最后减排目标应该尽量能够优化经济增长方式，对经济增长或全要素生产率的提高产生激励。

2009 年 12 月，中国国家主席胡锦涛在哥本哈根峰会开幕式上发表题为《携手应对气候变化挑战》的重要讲话，明确向全世界人民表示，中国将争取到 2020 年单位国内生产总值二氧化碳排放比 2005 年有显著下降。至此，中国向国际社会表明将采用单位国内生产总值二氧化碳排放作为中国的减排指标。

在哥本哈根峰会之前，2009 年 11 月，中国政府在国内已经提出应对全球气候变暖的行动目标，即到 2020 年中国单位国内生产总值二氧化碳排放比 2005 年下降 40%—45%，并将这一行动目标作为约束性指标纳入国民经济与社会发展中长期规划中。2011 年 3 月，全国人民代表大会通过的“十二五”规划纲要中明确提出，到 2015 年单位国内生产总值二氧化碳排放比 2010 年下降 17% 的目标。2011 年 11 月，温家宝总理在国务院常务会议上讨论通过了《“十二五”控制温室气体排放工作方案》，要求各地方各部门按照“十二五”规划纲要提出的到 2015 年单位国内生产总值二氧化碳排放比 2010 年下降 17% 的目标要求，把积极应对气候变化作为经济社会发展的重大战略。2011 年 12 月，国务院在《国务院关于印发“十二五”控制温室气体排放工作方案的通知》中，进一步明确分配了“十二五”各地区单位国内生产总值二氧化碳排放下降指标（见表 3－10）。中央政府不断在重要会议上强调单位国内生产总值二氧化碳排放目标，并进一步落实到各地方，让地方政府严格遵守中央政府强制性约束目标的要求，体现了中央政府采取切实减排行动的决心和态度。

表3-10　“十二五”各地区单位国内生产总值二氧化碳排放下降指标

地区	单位国内生产总值二氧化碳排放下降（%）	单位国内生产总值能源消耗下降（%）
北　京	18	17
天　津	19	18
河　北	18	17
山　西	17	16
内蒙古	16	15
辽　宁	18	17
吉　林	17	16
黑龙江	16	16
上　海	19	18
江　苏	19	18
浙　江	19	18
安　徽	17	16
福　建	17.5	16
江　西	17	16
山　东	18	17
河　南	17	16
湖　北	17	16
湖　南	17	16
广　东	19.5	18
广　西	16	15
海　南	11	10
重　庆	17	16
四　川	17.5	16
贵　州	16	15
云　南	16.5	15
西　藏	10	10

续表

地区	单位国内生产总值二氧化碳排放下降（%）	单位国内生产总值能源消耗下降（%）
陕　西	17	16
甘　肃	16	15
青　海	10	10
宁　夏	16	15
新　疆	11	10

资料来源：国务院《国务院关于印发“十二五”控制温室气体排放工作方案的通知》，2011。

单位国内生产总值二氧化碳排放，又称为碳强度，计算的是一国一定时期内二氧化碳排放量与单位 GDP 的比值，以吨二氧化碳/万元产值，或吨碳/万元产值来表示（林伯强和孙传旺，2011）。首先，相对于相同的经济增长率来说，碳强度约束下的经济增长相比不采取任何减排行动的经济增长，必然将减少二氧化碳排放量，因此中国的碳强度目标与发达国家减少碳总量的承诺目标就减少碳排放来说是一致的。碳强度目标可以起到切实减排的效果。其次，中国政府减排的决心巨大，从“十一五”能源强度逐级分配与执行效果的经验来看，把碳强度目标分解至地方，并将其作为强制约束性目标纳入国民经济与社会发展的考核指标，可以实现目标的落实与实施。因此，碳强度目标基本可以满足“可报告、可监测、可核实”的国际要求。再次，碳强度目标与经济增长直接相关，碳排放量是分子，GDP 是分母，达到某一个碳强度目标，可以通过努力做大分母，也可以通过努力做小分子，或者两者一起做。GDP 是影响碳强度的直接变量。因此，碳强度目标不是孤立地以碳减排绝对量作为标准，而是把经济增长放在一起考虑，保证了不会违背经济增长规律与现阶段中国经济增长的基本特点。最后，碳强度目标具有一定节能约束基础。“十一五”规划纲要中制定了能源强度的约束性目标，能源强度的改善是指产生一定 GDP 所消耗的能源使用量的减少（节能），或者一定量的能源生产出更多的 GDP。节能意味减排，客观上有降低排放的作用，对碳减排可以产生重要的贡献（林伯强和孙传旺，2011）。从各地区碳强度和能源强度目标的分配上可以看出两者大致存在比较强的关系，中国目前二氧化碳减排问题，最重要的还是能源问题。

尽管在不同的发展阶段上，中央政府制定政策有着不尽相同的优先顺序。但 2020 年这一时点始终被赋予了很强的政策含义。1997 年，江泽民同志在党的十五大上提出“新三步走”目标中将 2020 年作为“第二步”目标的关键节点。十六大上，对 2020 年提出了实现国内生产总值比 2000 年翻两番的目标。十七大上，胡锦涛总书记提出 2020 年人均 GDP 比 2000 年翻两番的目标，并且提出确保 2020 年实现全面建设小康社会的奋斗目标。包括《国家中长期教育改革和发展规划纲要（2010—2020）》、《核电中长期规划（2005—2020）》、《国家粮食安全中长期规划纲要（2008—2020）》等几乎都不约而同选择 2020 年作为现阶段经济社会发展的重要目标节点。而且众多学者对中国经济增长问题的研究也大多选择 2020 年作为重要时点（王小鲁等，2009；简新华和黄锟，2010）。

尽管 2009 年哥本哈根峰会上，中国已经明确表示采用碳强度目标对二氧化碳排放进行约束，但面对国际压力，2011 年德班气候大会上，国家发展和改革委员会副主任、德班气候大会中国代表团团长解振华进一步表示，中国愿意有条件接受 2020 年后的量化减排协议。2020 年后量化减排协议意味着，中国可能将转变与经济增长相挂钩的碳强度目标，而采取更加严格而具体的总量目标。抛开国际压力不说，根据环境库兹涅茨假说，中国在 2020 年后需要具备更强的经济实力。换句话说，所有的信息表明，2020 年之后，中国将基本完成城市化与工业化，中国经济目前的增长方式与阶段性特点将可能转变，同时，能源需求的三大特征可能将随之改变，中国二氧化碳减排目标也可能改变。因此本书的研究基于现阶段中国经济增长的重要特征，以 2020 年为重要时间节点，讨论低碳视角下中国的经济增长问题。

第四节　本章小结

新中国成立后，特别是改革开放至今，中国经济增长取得了巨大成就，人均 GDP 已经达到 4000 美元水平。根据对其他国家发展经验的分析，中国现阶段处于跨越“中等收入陷阱”的关键时期。中国必须依靠城市化进程，拉动投资、扩大内需以推动经济增长。现阶段重工化是保障城市化顺利进行的重要保证。

从现阶段中国经济增长运行特点出发，分析得到现阶段能源需求具有三个显著特征：能源需求刚性增长、能源效率比较低、能源结构以煤为主。而能源的三个特征，在很大程度上决定了中国二氧化碳排放的快速增长。近十年，中国二氧化碳排放增量占到世界总增量的一半以上，中国已经成为世界第一排放大国。国际上要求中国减排的呼声越来越大，中国面临巨大的减排压力。

根据环境库兹涅茨假说，本章选取了几个典型的发达国家、较高收入国家以及发展中国家为代表，对人均 GDP 与人均二氧化碳排放量进行实证分析。结果表明，选取的所有国家都符合倒 U 形曲线假说。发达国家已经超越了拐点，处于人均碳排放下降的路径上，而发展中国家则由于发展阶段不同，还没有看到倒 U 形曲线的拐点。面对外部国际压力与内在发展动力，中国的二氧化碳减排目标选择需要慎重。一方面必须切实有效的起到减排效果，另一方面又必须保证经济增长。碳强度目标与GDP直接相关，符合中国现阶段经济增长要求。中国政府把2020年作为一个重要转折点，因此，以低碳视角研究中国经济增长问题，必须基于经济增长的阶段性特征。

第四章 低碳视角下中国全要素生产率研究*

第一节 中国减排目标与全要素生产率

许多研究中国经济增长的文献关注中国全要素生产率的核算与分解（岳书敬和刘朝明，2006；姚战琪，2009；龚六堂和谢丹阳，2004；陈诗一，2010b）。由于资源的有限与要素的稀缺，它们的扩张与投入不可能无限增长，因此要素投入对经济增长的贡献不可能一直持续下去。全要素生产率被视为是可持续增长的最重要源泉（林毅夫和苏剑，2007）。但如果不能较快较好地完成经济增长推动力由要素积累向生产率改进的成功转换，经济增长的可持续性就会受到严重影响，长期徘徊于"中等收入陷阱"的困境中，即一方面由于要素成本上升而丧失传统的比较优势，另一方面却又由于技术欠先进而很难与发达国家竞争。

现阶段中国增长依靠城市化推动，尽管未来数以亿计的人口流动对刺激国内投资需求还具有巨大的潜力，但面对一些地方追求高消耗、高投入的粗放式增长，有为的中国政府在"十一五"与"十二五"规划中已明确将节能与低碳作为约束性指标纳入了地方经济绩效的考核框架。因此，研究中国政府提出的节能减

---

* 本章部分内容已发表在《金融研究》2010 年第 6 期。

排约束指标是否有效的关键，不能仅停留在对二氧化碳问题严峻性和对减排行动必要性的分析与研究，而更加应该把重点放在减排目标是否对经济增长存在激励的研究，即研究减排目标对全要素生产率影响的现实问题。

经济增长是一把双刃剑，一方面经济增长带来产出与收入的增加，但另一方面伴随经济增长与能源消费的增加，二氧化碳的排放量也在不断增加。尽管第三章有关二氧化碳环境库兹涅茨曲线的实证结果表明，当一国经济发展水平超越倒 U 形曲线拐点时，经济增长所带来的二氧化碳排放影响可以明显下降。中国目前的经济发展水平决定了中国现阶段仍处于环境库兹涅茨曲线拐点的左侧。但二氧化碳环境库兹涅茨曲线很难用来解释经济增长与二氧化碳排放更深层的关系，也无法解释关于减排目标是否可以激励全要素生产率，从而带动经济增长的问题，因此本章将对此做进一步深入研究。

碳强度目标对经济发展施加一定的减排约束，中国在增加 GDP 保证经济增长的同时，必须控制二氧化碳排放的增长。这意味着对低碳视角下的全要素生产率核算需要从经济增长与二氧化碳减排两个方面同时考虑。由于无法在模型中体现二氧化碳排放信息，基于传统数据包络分析（Data Envelopment Analysis, DEA）方法很难合理的核算碳强度目标约束下的全要素生产率。因此，本章将采用环境 DEA 技术（Environmental DEA Technology, EDT）和方向距离函数（Directional Distance Function, DDF）的方法，将 GDP 作为期望产出（Desirable Outputs），二氧化碳排放作为非期望产出（Undesirable Outputs），测度碳强度目标约束下的全要素生产率。

本章接下来的结构安排如下：

第二节将对研究方法进行说明。主要介绍环境 DEA 技术与方向距离函数的研究方法，并对全素生产率指数的分解方法进行描述。

第三节将对碳强度约束下的全要素生产率进行测算。首先是省际面板数据处理的介绍。之后分别计算两种情形下的全要素生产率，一种情形并不考虑碳排放约束，只考虑经济增长目标，测算传统意义上的全要素生产率；另一种情形将经济增长作为期望产出，同时将二氧化碳排放作为非期望产出，测算碳强度约束下的全要素生产率。接着进一步将碳约束下的全要素生产率分解为效率变化和技术进步两部分，并通过技术创新者研究，分析推动生产可能性边界外移的地区。

第四节将对各地区全要素生产率的收敛性进行分析。收敛性分析将有助于研究碳强度约束下中国全要素生产率的趋同或发散情况。

第五节是本章小结。

第二节　环境 DEA 技术与方向距离函数

一　环境 DEA 技术

数据包络分析（Data Envelopment Analysis，DEA）最早由 Charnes，Coopor 和 Rhodes 在 1978 年提出（Charnes 等，1978），是一种通过控制决策单元（Decision Making Unit，DMU）投入或产出，评估相对生产效率的非参数方法。该方法广泛应用于测度全要素生产率和工业部门的生产效率等（Raczka，2001；Pombo 和 Taborda，2006；魏楚和沈满洪，2007；Vaninsky，2006）。Pittman（1983）第一次把污染物作为非期望产出引入传统的 DEA 框架，并且计算了面向非期望产出的环境效率。从此以后，研究者们正式将环境污染变量纳入 DEA 的实证模型中。文献中关于引入非期望产出的方法一般有两种：一种将非期望产出转换为一种投入（Seiford 和 Zhu，2005；Hailu 和 Veeman，2001）；另一种则采用环境 DEA 技术（EDT），在生产可行集中把非期望产出作为弱处置的变量，以测度减少污染排放的机会成本（Färe 等，1989；Zhou 等，2008）。

考虑一个地区或国家的总量生产函数 $F(X)$，其中 X 表示要素投入，并假设要素投入 $X=(K,L,E)\in\mathbf{R}_N^+$，$K$ 表示资本投入，L 为劳动力投入，E 为能源投入。通过生产得到 Y（国内生产总值）和 C（二氧化碳排放）。

其中 Y 对社会发展有利，是一种期望产出，一般期望其越大越好；而 C 是一种伴随 Y 的生产过程而产生的非期望产出，一般期望其越小越好。所有可能的产出（包括期望产出与非期望产出）构成的集合称为生产可行集，记为 T，可以表示为：

$$T=\{(K,L,E,Y,C):(K,L,E)\text{可以生产}(Y,C)\} \tag{4-1}$$

一般认为 T 为一个有界闭的集合，这表明有限的投入只能生产有限的产出。与传统 DEA 类似，环境 DEA 技术假设要素投入 (K,L,E) 与期望产出 (Y) 是可自由处置的（Free Disposability）（Zhou 等，2010）。要素投入 (K,L,E) 的自由处置表示为：如果 $(K,L,E,Y,C)\in T$ 并且 $(K',L',E')\geqslant(K,L,E)$，则 $(K',L',E',Y,C)\in T$。期望产出 (Y) 是可自由处置表示为：如果 $(K,L,E,Y,C)\in T$ 并且 $(Y')\leqslant(Y)$，那么有 $(K,L,E,Y',C)\in T$。

环境 DEA 技术还增加了两个与非期望产出相关的重要假设（Färe 等，1989）。第一个假设认为非期望产出 (C) 是弱处置（Weak Disposability）的，表示为：如果 $(K,L,E,Y,C)\in T$ 并且 $0<\theta\leqslant1$，那么有 $(K,L,E,\theta Y,\theta C)\in T$。非期望产出 (C) 的弱处置性表明在给定的要素投入水平下，降低非期望产出的行为会同时让期望产出减少，意味着减少二氧化碳排放是需要付出一定经济代价的，因此把低碳经济发展的碳强度约束纳入了研究框架。第二个假设认为非期望产出 (C) 与期望产出 (Y) 之间存在关联性，表示

为：如果$(K,L,E,Y,C) \in T$并且$C=0$，那么有$Y=0$。关联性表明只要有期望产出(Y)被生产出来，那么一定会伴随着非期望产出(C)，即意味着二氧化碳是经济发展的必然副产品，碳约束的目标必须以保证经济增长为前提。

环境 DEA 技术的分析框架中决策单元的最优效率指标与投入和产出的量纲选择无关，将各决策单元投影到生产前沿面上，通过比较决策单元偏离前沿面的程度来评价它们的相对有效性。基于环境 DEA 技术的非参数分析框架，可以将上述生产可行集T采用以下的线性规划来表示。

$$
\begin{aligned}
T = \{(K,L,E,Y,C): & \sum_{i=1}^{I} z_i K_i \leqslant K; \\
& \sum_{i=1}^{I} z_i L_i \leqslant L; \\
& \sum_{i=1}^{I} z_i E_i \leqslant E; \\
& \sum_{i=1}^{I} z_i Y_i \geqslant Y; \\
& \sum_{i=1}^{I} z_i C_i = C; z_i \geqslant 0, i = 1,\cdots,I\}
\end{aligned}
\tag{4-2}
$$

假设一共有$i=1,\cdots,I$个地区作为决策单元（DMU），第$i=1,\cdots,I$个地区的投入和产出值为(K_i,L_i,E_i,Y_i,C_i)，强度变量z_i是在构造生产前沿时分配给每个决策单元的权重。Zofio 和 Prieto（2001），Lozano 等（2009），Zhou 等（2010）等文献也运用了环境 DEA 技术分析框架。

二　方向距离函数

低碳经济的碳强度指标要求在保证经济增长的条件下实现二氧化碳减排目标，因此采用传统的 Shephard 距离函数（Shephard，1970）可能会对生产率的评价产生偏差（Chung 等，

1997)。基于环境 DEA 技术，Luenberger（1992）和 Chung 等（1997）引入方向性距离函数（Directional Distance Function，DDF），将期望产出与非期望产出联系在一起。

方向性距离函数（DDF）是在某种生产技术水平下（如生产可行集 T），基于固定投入（或产出），描述产出指标变量（或投入指标变量）最优比例的一种代表性函数。根据 Picazo-Tadeo 等（2005），Färe 等（2007）和 Watanabe 和 Tanaka（2007）的方法，方向距离函数可以表示如下：

$$\vec{D}_o(K,L,E,Y,C;g_Y,-g_C)=\sup\{\beta:(Y+\beta g_Y,C-\beta g_C)\in T(K,L,E,Y,C)\} \quad (4-3)$$

距离函数值 β 表示决策单元观测值 (Y,C) 与其在生产前沿面上投影 $(Y+\beta g_Y,C-\beta g_C)$ 之间的距离。方向向量 $g=(g_Y,-g_C)$ 决定了效率测度的方向，即产出扩张或减少的方向，其中期望产出 (Y) 扩张的方向为 g_Y，而非期望产出 (C) 下降的方向为 $-g_C$。给定生产可行集 (T) 和方向向量 $(g_Y,-g_C)$，方向距离函数实现在非期望产出 (C) 约束下期望产出 (Y) 的最大扩张。图 4－1 显示的是生产可行集 (T)，在既定投入 (K,L,E) 下两种产出 (Y,C) 的生产可能性边界。其中期望产出 (Y) 用纵轴表示，非期望产出 (C) 用横轴表示。A 点是某一决策单元现有产出水平 (Y,C)，位于生产可能性边界内。按方向向量 $g=(g_Y,-g_C)$，A 点在生产前沿面上的投影为点 B。距离函数值 β 描述的就是在现有产出水平 A 点的基础上，期望产出 (Y) 和非期望产出 (C) 同时增加或减少的最大可能比例，即 A、B 两点的距离值。β 值越大，表明 A 点离生产前沿面越远，效率越低；β 值越小，表明 A 点离前沿面越近，效率越高；若 β 值为零，则表明 A 点位于生产前沿面上。

Chambers 等（1996）证明，方向距离函数是 Shephard 距离函数的一般形式。利用环境 DEA 技术，并根据方向向量 $g=(g_Y,$

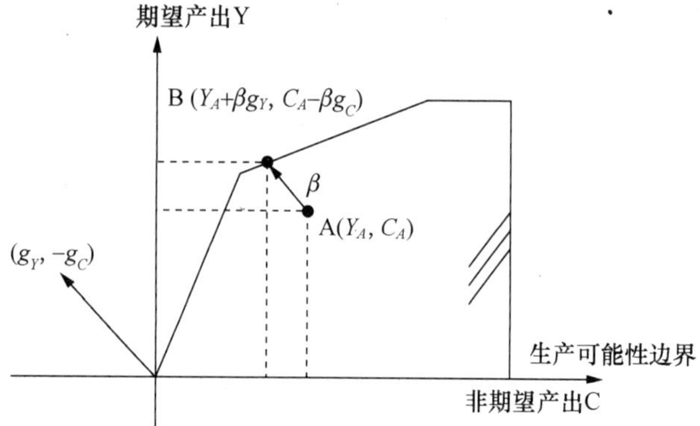

图 4-1　方向距离函数示意图

$-g_C$)的不同取值，分别设定了两种方向距离函数情形。

情形一：假设 $g=(Y,0)$，并且不考虑非期望产出(C)的影响。这是一种没有考虑到碳约束目标的情形。该情形只有一种期望产出，并且方向向量沿着纵轴方向，即该方向距离函数实际上等价于计算传统的 Shephard 距离函数。情形一可以用以下数学规划式表示：

$$
\begin{aligned}
&\vec{D}_o^t(K_i^t, L_i^t, E_i^t, Y_i^t, 0; Y_i^t, 0) = Max\beta \\
&s.t.\ \sum_{i=1}^{I} z_i^t K_i^t \leqslant K_i^t; \\
&\qquad \sum_{i=1}^{I} z_i^t L_i^t \leqslant L_i^t; \\
&\qquad \sum_{i=1}^{I} z_i^t E_i^t \leqslant E_i^t; \\
&\qquad \sum_{i=1}^{I} z_i^t Y_i^t \geqslant (1+\beta) Y_i^t; \\
&\qquad z_i^t \geqslant 0, i = 1, \cdots, I
\end{aligned}
\tag{4-4}
$$

情形二：假设 $g=(Y,-C)$，并且非期望产出(C)具有弱处置性。该情形是一种存在碳约束的情形，方向向量 $g=(Y, -C)$ 要求同比例的增加经济总量而降低二氧化碳排放。其中 $g=(Y, -C)$ 是相关文献中较普遍的假设，对方向向量做相同假设的文献还有 Färe 等（2007），陈诗一（2010a），Chambers 等（1996）和 Chung 等（1997）。情形二可以用以下数学规划式表示：

$$
\begin{aligned}
&\vec{D}_o^t(K_i^t, L_i^t, E_i^t, Y_i^t, C_i^t; Y_i^t, -C_i^t) = Max\beta \\
&s.t.\ \sum_{i=1}^{I} z_i^t K_i^t \leqslant K_i^t; \\
&\sum_{i=1}^{I} z_i^t L_i^t \leqslant L_i^t; \\
&\sum_{i=1}^{I} z_i^t E_i^t \leqslant E_i^t; \\
&\sum_{i=1}^{I} z_i^t Y_i^t \geqslant (1+\beta) Y_i^t; \\
&\sum_{i=1}^{I} z_i^t C_i^t = (1-\beta) C_i^t; \\
&z_i^t \geqslant 0, i = 1, \cdots, I
\end{aligned}
\tag{4-5}
$$

上式的线性规划中，关于要素投入 (K, L, E) 和期望产出 (Y) 的不等式表示它们是可自由处置的（Free Disposability）。而关于非期望产出 (C) 的等式表明非期望产出 (C) 的弱处置性（Weak Disposability）。函数值 $\beta=0$ 意味着该决策单元处于生产前沿面上，其生产是有效率的。函数值 β 越大，表明决策单元离生产前沿面越远，效率越低。

三 生产率指数分解

为解决在考虑了减少非期望产出情形下的全要素生产率评价问题，Chung 等（1997）利用环境 DEA 技术与方向距离函数，提出了曼奎斯特－鲁恩博格（Malmquist-Luenberger）生产率指数（简称 *MLPI*）。计算 *MLPI*，必须先得到四种类型的方向距离函数，即基于 t 期观察值和 t 期技术的方向性距离函数、基于 $t+$

1 期观察值和 $t+1$ 期技术的方向性距离函数，以及两个交互期的混合方向性距离函数值。以情形二为例，在考虑碳约束时，第 i 个决策变量的 *MLPI* 可以表示为：

$$MLPI_{i,t}^{t+1}=\left\{\frac{[1+\vec{D}_o^t(K_i^t,L_i^t,E_i^t,Y_i^t,C_i^t;Y_i^t,-C_i^t)]}{[1+\vec{D}_o^t(K_i^{t+1},L_i^{t+1},E_i^{t+1},Y_i^{t+1},C_i^{t+1};Y_i^{t+1},-C_i^{t+1})]}\times\frac{[1+\vec{D}_o^{t+1}(K_i^t,L_i^t,E_i^t,Y_i^t,C_i^t;Y_i^t,-C_i^t)]}{[1+\vec{D}_o^{t+1}(K_i^{t+1},L_i^{t+1},E_i^{t+1},Y_i^{t+1},C_i^{t+1};Y_i^{t+1},-C_i^{t+1})]}\right\}^{\frac{1}{2}} \tag{4-6}$$

全要素生产率 *MLPI* 指数可以被分解为效率变化（*EFFCH*）和技术进步变化（*TECH*）的连乘积：

$$MLPI=EFFCH\times TECH \tag{4-7}$$

$$EFFCH_{i,t}^{t+1}=\frac{1+\vec{D}_o^t(K_i^t,L_i^t,E_i^t,Y_i^t,C_i^t;Y_i^t,-C_i^t)}{1+\vec{D}_o^{t+1}(K_i^{t+1},L_i^{t+1},E_i^{t+1},Y_i^{t+1},C_i^{t+1};Y_i^{t+1},-C_i^{t+1})} \tag{4-8}$$

$$TECH_{i,t}^{t+1}=\left\{\frac{[1+\vec{D}_o^{t+1}(K_i^t,L_i^t,E_i^t,Y_i^t,C_i^t;Y_i^t,-C_i^t)]}{[1+\vec{D}_o^t(K_i^t,L_i^t,E_i^t,Y_i^t,C_i^t;Y_i^t,-C_i^t)]}\times\frac{[1+\vec{D}_o^{t+1}(K_i^{t+1},L_i^{t+1},E_i^{t+1},Y_i^{t+1},C_i^{t+1};Y_i^{t+1},-C_i^{t+1})]}{[1+\vec{D}_o^t(K_i^{t+1},L_i^{t+1},E_i^{t+1},Y_i^{t+1},C_i^{t+1};Y_i^{t+1},-C_i^{t+1})]}\right\}^{\frac{1}{2}} \tag{4-9}$$

$MLPI>1$ 表示全要素生产率的提高，$MLPI<1$ 则表示全要素生产率的下降。同理，$EFFCH>1$ 或 $EFFCH<1$ 表示效率的改进或恶化，$TECH>1$ 或 $TECH<1$ 表示技术的进步或退步。

特别地，为了研究哪些决策单元是全要素生产率的领先创新者，即哪些地区推动了生产可能性边界的外移，Färe 等（2001）提出了三个条件：

$$TECH_{i,t}^{t+1}>1$$

$$\vec{D}_o^t(K_i^{t+1}, L_i^{t+1}, E_i^{t+1}, Y_i^{t+1}, C_i^{t+1}; Y_i^{t+1}, -C_i^{t+1}) < 0$$

$$\vec{D}_o^{t+1}(K_i^{t+1}, L_i^{t+1}, E_i^{t+1}, Y_i^{t+1}, C_i^{t+1}; Y_i^{t+1}, -C_i^{t+1}) = 0 \qquad (4-10)$$

第一个条件表明生产可能性边界朝着改善的方向移动，在既定投入下，$t+1$ 期相比 t 期而言具有更高的期望产出及更少的非期望产出。第二个条件意味着采用 t 期的技术与 $t+1$ 期的投入是无法生产出 $t+1$ 期的产出的，换句话说，$t+1$ 期的产出在 t 期的生产可能性边界之外。第三个条件保证了领先创新者在 $t+1$ 期必须是有效的。

第三节　碳强度约束下全要素生产率的测算

一　省份面板数据描述

根据研究方法的介绍，为测算碳强度约束下的全要素生产率，必须构建基于环境 DEA 技术的方向距离函数。本章选择 2000—2007 年中国 29 个省市自治区[①]的要素投入（包括物质资本投入、劳动力投入和能源投入）、期望产出（国内生产总值）与非期望产出（二氧化碳排放量）等数据。

（1）物质资本投入(K)：本章使用物质资本存量作为物质资本投入指标。根据张军等（2004），采用永续存盘法估计中国各地区 2000—2007 年的资本存量[②]。2000 年度数据来自张军等（2004），之后年份数据由笔者更新，以 2000 年不变价格计算。

（2）劳动力投入(L)：研究以"年末从业人口数"作为劳动力投入指标，数据来自于历年《中国统计年鉴》和中经网统计数据库。

---

① 由于数据的可得性，样本不包括港澳台地区和西藏，重庆数据与四川数据合并。

② 计算公式为：$K_{i,t} = K_{i,t-1}(1-\delta_{i,t}) + I_{i,t}$，$K_{i,t}$表示第 i 个地区，第 t 年的资本存量，经济折旧率为 δ，当年的新增投资为 I。

（3）能源投入(E)：研究以各地区一次能源消费量作为能源投入数据。不同一次能源按发电煤耗法折算成标准煤。数据来自于历年《中国能源统计年鉴》。

（4）国内生产总值(Y)：研究采用以2000年不变价格计算的各地区国内生产总值作为期望产出。其中各地区现价的国内生产总值数据来自历年《中国统计年鉴》，再经过各地区GDP平减指数折算成以2000年不变价格计算。

（5）二氧化碳排放量(C)：根据IEA（2009）和荷兰环境评估局（PBL，2009）的报告，中国二氧化碳排放主要来自于化石能源的使用，与化石能源相关的二氧化碳排放占排放总量的85%以上，因此本章研究的排放主要是与化石能源相关的二氧化碳排放。按照《中国能源统计年鉴》中分地区各类能源消费量与二氧化碳信息分析中心（Carbon Dioxide Information Analysis Center，CDIAC）上各类能源排放系数，可以得到各地区2000—2007年的二氧化碳排放量①。表4－1给出了数据的统计概述。

表4－1　　　　数据的统计概述

指标	数据	样本数	平均值	标准差	最大值	最小值
K	物质资本存量（亿元）	232	11082	10676	56737	621
L	年末从业人数（万人）	232	2280	1598	6568	239
E	能源消费量（万吨标煤）	232	7629	5252	28554	480
Y	国内生产总值（亿元）	232	5202	4484	26300	264
C	二氧化碳排放（万吨）	232	14856	10968	61416	540

按中国国家统计局的划分标准，将29个省（市、自治区）

① 由于《中国能源统计年鉴》上各地区能源消费量加总之和与全国能源消费量之间存在一定差距，因此按此法得到的2000—2007年各地区二氧化碳排放量数据需要根据当年全国的二氧化碳排放量进行适当调整。

按地理位置和经济发展水平划分成三大区域。东部地区包括北京、天津、河北、辽宁、上海、江苏、浙江、福建、山东、广东、广西、海南12个省（市、自治区）；中部地区包括山西、内蒙古、吉林、黑龙江、安徽、江西、河南、湖北、湖南9个省（自治区）；西部地区包括四川（含重庆）、贵州、云南、陕西、甘肃、宁夏、青海、新疆8个省（市、自治区）。

图4-2是按三大区域划分的29个省（市、自治区）的国内生产总值与二氧化碳排放的散点图①。横轴代表各省的二氧化碳排放，纵轴代表各省的国内生产总值。从图中看出，2000—2007年期间，山东省二氧化碳排放量最大，广东省国内生产总值最高。各省份的单位GDP碳排放（碳强度）由图4-2中各散点与原点连线斜率的倒数表示，斜率越大，表明碳强度越小，斜率越小，表明碳强度越大。按东部、中部和西部三个地区进行比较：东部地区的平均碳强度较低，特别是广东、福建、海南等省份在图中的斜率最大；中部地区除了中国重要的煤炭基地山西以外，大部分省份的碳强度居中；西部地区除了水资源丰富的四川，其他地区的平均碳强度都较高。

二 不同情形的全要素生产率比较

按设定的两种情形，分别测算了中国2001—2007年，在没有考虑碳约束与考虑了碳约束两种情况下的全要素生产率（见表4-2）。情形一只考虑了期望产出，并没有将碳排放作为约束条件纳入方向距离函数的线性规划中。事实上情形一测算的是传统的全要素生产率指数（用TFPI表示）。情形二将碳排放作为弱处置的非期望产出纳入方向距离函数计算全要素生产率指数（用CTFPI表示），社会总产出中不仅包括经济增长的目标，还包括碳减排的目标。情形二与中国政府制定的碳强度目标（即

① 各地区的国内生产总值与二氧化碳排放分别取2000—2007年平均值。

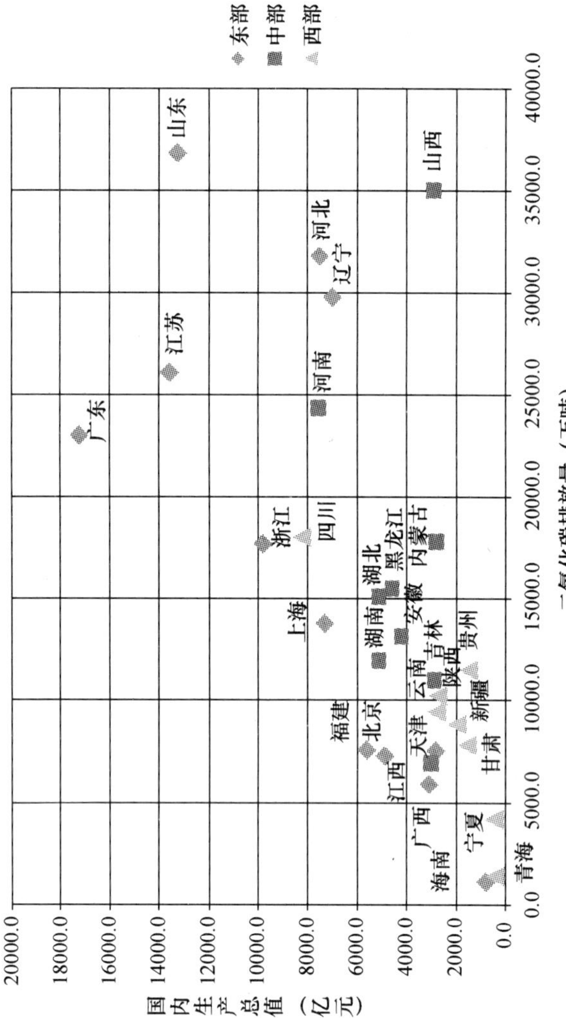

图 4－2　各省（市、自治区）国内生产总值与二氧化碳排放的散点图

保证 GDP 增长的前提下实现二氧化碳的减排）是相一致的。本章的计算结果来自于通用代数建模系统（General Algebraic Modeling System，GAMS）22.1 版本软件包。

表 4－2　　　　　　不同情形下全要素生产率比较

情形	指标	2001 年	2002 年	2003 年	2004 年	2005 年	2006 年	2007 年	平均
情形一	TFPI	1.040	1.023	0.995	1.016	1.015	1.034	1.042	1.023
情形二	CTFPI	1.048	1.042	0.977	1.004	0.978	1.098	1.102	1.034

从表 4－2 可以看出，情形一，在没有考虑碳强度约束，2001—2007 年中国平均全要素生产率指数（TFPI）为 1.023，表示该时期中国 29 个省（市、自治区）全要素生产率平均每年增长 2.3%，与郭庆旺等（2005），郑京海和胡鞍钢（2004）采用 DEA 方法计算的结果类似。情形二强调了二氧化碳排放约束，2001—2007 年中国平均全要素生产率指数（CTFPI）为 1.034，要高于情形一不考虑碳强度约束的情形。这一发现与王兵等（2008）研究相似，强调了环境管制的全要素生产率要高于不考虑环境管制的情形。因为前者把生产过程对环境改善的贡献作为对生产率的贡献考虑进去，而后者在生产率评价中则忽视了环境目标。从时间上看，2005 年之前 CTFPI 与 TFPI 的差距并不太大，而 2006 年与 2007 年 CTFPI 要明显高于 TFPI。中国政府在 2005 年 10 月将能源强度明确纳入“十一五”规划，提出 2010 年年末单位 GDP 能耗比 2005 年年末下降 20% 的约束性目标。这一政策的出台，表明在 2006 年与 2007 年中国经济运行受到的能效与环境约束要比 2005 年之前更加明显，而能源强度的改善对二氧化碳减排有积极作用，因此 CTFPI 在 2006 年之后得到显著提高。CTFPI 与 TFPI 在 2005 年前后的显著差异进一步表明了采用传统的全要素生产率测算方法（情形一）无法反映经济增长方式转变对二氧化碳

减排的贡献，无法同中国低碳经济的发展目标相适应。

图 4 - 3 显示了 2001—2007 年碳强度与累积的 CTFPI 的变化趋势。中国 2001—2002 年单位 GDP（以 2000 年不变价计算）碳排放由 3.25 吨/万元下降至 3.16 吨/万元。从 2002 年至 2005 年，由于政府未明确出台能源或碳排放的约束性指标，工业化与城市化进程造成了这一时期碳强度上升了 13.6%，2005 年达到 3.59 吨/万元。2005 年 10 月能源强度目标的发布，对碳强度下降起到了显著影响，2007 年较 2005 年，碳强度指标下降了 8.3%。累积的 CTFPI 能够较直观反映 t 期 CTFPI 是否改进或倒退，若 t 期累积的 CTFPI 较 $t-1$ 期大，表明 t 期 CTFPI 大于 1，t 期全要素生产率提高，反之亦然。2001—2002 年累积的 CTFPI 出现上升，2002—2005 年出现下降，而 2006 年与 2007 年表现为显著提高。通过比较可以发现，累积的 CTFPI 能较好地解释碳强度的变化趋势，CTFPI 得到改进，碳强度指标下降，CTFPI 出现倒退，碳强度指标上升。因此，本章情形二所采用的，在碳强度约束下全要素生产率的测算方法，能够与碳强度目标相吻合，

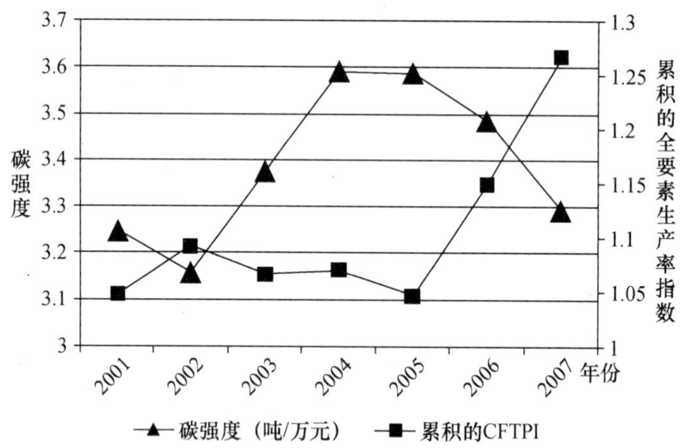

图 4 - 3 2001—2007 年碳强度与累积的 CTFPI 的变化趋势

实现对低碳经济中国全要素生产率较准确的评价。

三　碳强度约束下全要素生产率的分解

进一步对碳强度约束下的全要素生产率进行分解。表4－3显示的是2001—2007年效率变化指数（EFCH）与技术进步指数（TECH）。可以看到，全要素生产率的增长主要来自于前沿技术的进步，而效率变化的改进并不明显。尤其是2005年之后，技术进步的作用更加明显，这与吴军（2009）的结论相似。中国目前正处于工业化与城市化阶段，是一个国家从低收入转入中等收入的最重要的时期。中国提出的碳强度目标也反映出减排必须以经济发展为前提。城市化工业化阶段的能源需求具有快速增长且需求刚性的特征。中国低碳转型必须符合经济发展与能源需求的阶段性规律。表4－3的结论显示，效率的改进不明显，效率变化对碳约束下的全要素生产率提高贡献不大。因此，发展低碳经济不能简单地理解为调整经济结构（林伯强，2011），中国的经济结构必须由经济发展阶段和本国的资源禀赋决定。政府早就提出要调整经济结构，但是现实的情况却是工业比例越来越大，重工化程度越来越高。调整经济结构不能说对减排没有影响，只是说现阶段这一效果并不明显。中国低碳转型战略必须以节能为主（林伯强等，2010）。节能技术和低碳技术的发展将有助于二氧化碳减排，技术的创新有效地推动了全要素生产率的进步。伴随中国经济增长，相应的基础设施投资增长也很快，而且基础设施的更新时间较长。如果转型期间的基础设施系统投资仍然采用常规的低效或高碳技术，而不注重节能与低碳技术的开发和利用，那么在未来十几年甚至几十年的时间里，该系统的排放状况不可避免地将被锁定（林伯强，2011）。未来希望改变该系统的排放状况，成本必然较大增加。因此，低碳经济发展方向一旦确定，那就应该尽快实现从传统技术向低碳技术的转变，低碳技术创新是发展低碳经济的主要支撑。

表 4－3　　效率变化指数和技术进步指数

指数＼年份	2001	2002	2003	2004	2005	2006	2007	平均
EFCH	1.003	1.006	1.003	1.003	0.989	1.005	1.003	1.001
TECH	1.045	1.036	0.974	1.001	0.989	1.093	1.099	1.033

四　领先创新者分析

根据 Färe 等（2001）提出的“领先创新者”的三个判断标准，即首先要求技术进步指数大于 1，其次 $t+1$ 期的产出在 t 期的生产可能性边界之外，并且需要创新的地区在生产边界上，列举了推动生产可能性边界外移的创新者。从表 4－4 中看出，在所研究的 2001—2007 年 29 个省（市、自治区）中，推动生产可能性边界外移至少 1 次的地区有 11 个，其中北京（7 次）、上海（5 次）、广东（5 次）、福建（4 次）是主要的创新者，分别推动生产可能性边界外移至少 4 次。从地域上看，领先创新者绝大多数是东部地区省份，一共推动技术创新 30 次，占 81%，这与东部省份全要素生产率较高以及碳强度较小的特点是相一致的。而中部地区和西部地区一共只引导技术进步 7 次。

表 4－4　　技术进步的领先创新者

年份	地区
2001	北京、辽宁、上海、江苏、福建、云南
2002	北京、上海、江苏、广东、新疆
2003	北京、上海、广东
2004	北京、天津、辽宁、上海、安徽、福建、广东
2005	北京、安徽、海南
2006	北京、天津、江苏、安徽、福建、广东、云南
2007	北京、辽宁、上海、福建、广东、云南

第四节　各地区全要素生产率的收敛性分析

一　收敛性分析的研究方法

收敛性分析将有助于研究碳强度约束下中国全要素生产率的趋同或发散情况。若地区间的全要素生产率存在收敛性，则表明目前的节能减排政策有利于减少落后地区与发达地区的生产率差异。若不存在收敛性，则表明碳约束指标会加大落后地区与发达地区的生产率差距，意味着需要对节能减排政策进行适当的调整，政府的财政补贴与技术扶持必须进一步向落后地区倾斜。文献中有关收敛性分析的方法一般有三种类型：σ 收敛、绝对 β 收敛和条件 β 收敛（Barro 等，1995；Barro 和 Sala-i-Martin，1997；Deardorff，2001）。

σ 收敛研究随着时间推移，不同地区之间全要素生产率 $MLPI$ 的离差随时间推移而变化的情况。若离差逐渐变小，则表示全要素生产率的离散程度在缩小，趋于 σ 收敛。根据林光平等（2006），Jian 等（1996），碳强度约束下全要素生产率 σ 收敛分析可以用以下方程表示：

$$\sigma_t = \sqrt{\frac{1}{I-1}\sum_{i=1}^{I}(MLPI_{i,t} - \overline{MLPI_t})^2} \qquad (4-11)$$

其中 $MLPI_{i,t}$ 表示第 i 个地区在 t 时期的全要素生产率，而 $\overline{MLPI_t}$ 是 t 时期所有 I 个地区全要素生产率的平均值。当 $\sigma_{t+1} < \sigma_t$ 时，则说明碳强度约束下中国全要素生产率的离散系数在缩小，存在 σ 收敛。

绝对 β 收敛分析每个地区的全要素生产率能否达到相同的稳定增长速度，研究落后地区是否存在追赶发达地区的趋势。根据 Sala-i-Martin（1996），可以构造碳强度约束下的全要素生产率绝

对 β 收敛回归方程：

$$[\ln(MLPI_{i,T}) - \ln(MLPI_{i,0})]/T = \alpha + \beta\ln(MLPI_{i,0}) + \varepsilon \tag{4-12}$$

其中 $[\ln(MLPI_{i,T}) - \ln(MLPI_{i,0})]/T$ 表示第 i 个地区从 $t=0$ 时期到 $t=T$ 时期的年均 *MLPI* 增长率。α 是常数项，$\ln(MLPI_{i,0})$ 是第 i 个地区 $t=0$ 时期的 *MLPI* 初始值的对数值，β 是其回归系数。若 β 显著为负表明存在绝对 β 收敛，即 *MLPI* 的增长与 *MLPI* 的初始值成反比，落后地区存在追赶发达地区的趋势。

条件 β 收敛考虑了不同地区各自的特征，分析每个地区的全要素生产率能否收敛于各自的稳定水平。与绝对 β 收敛相同的稳定状态不同，条件 β 收敛中不同地区具有自己不同的稳态水平，它承认了落后地区与发达地区的差距可能持续存在。采用 Panel Data 固定效应模型来检验条件 β 收敛（Miller 和 Upadhyay，2002），回归方程式为：

$$\ln(MLPI_{i,t}) - \ln(MLPI_{i,t-1}) = \alpha + \beta\ln(MLPI_{i,t-1}) + \varepsilon \tag{4-13}$$

其中，α 为 Panel Data 固定效应项，对应着不同地区各自的稳定条件。β 是其回归系数，若 β 显著为负表明存在条件 β 收敛，即第 i 个地区的 *MLPI* 会收敛于自身的稳定水平。

二　收敛性分析的结果

（一）σ 收敛性检验

通过计算，可以得到 2001—2007 年全国及三大地区碳强度约束下全要素生产率的 σ 值。如图 4－4 所示，全国的全要素生产率标准差从 2001—2004 年出现下降，表现出收敛的特征。但是 2005 年 σ 值出现反弹，之后又逐渐下降，但 2006 年或 2007 年的 σ 值同 2004 年的相差不大，因此判断碳强度约束下全国的全要素生产率的 σ 收敛性并不明显，存在一定的波动性。按三大地区分别进行 σ 收敛性检验：东部地区的 σ 值同全国的情况类似，在 2005 年也出现了一次转折，但东部地区 2006 年与

2007 年的 σ 值较之前年份要略小，因此判断东部地区存在 σ 收敛，东部各省份之间在碳强度约束下的全要素生产率存在趋同性；中部地区 σ 值在2005 年之前存在发散趋势，但是2005 年之后显示出较弱的收敛性；西部地区全要素生产率的标准差发散的特征比较明显，表明西部地区各省份之间的全要素生产率差距存在进一步扩大的趋势。

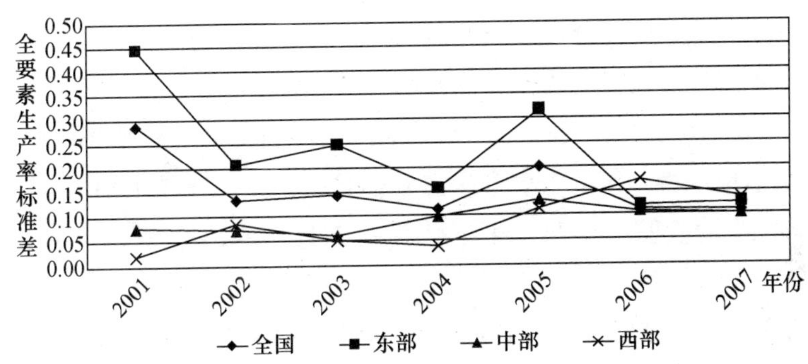

图 4 – 4　σ 收敛性检验结果

（二）绝对 β 收敛性检验

绝对 β 收敛性检验将研究每个地区的全要素生产率向相同的稳定值趋同，即研究全要素生产率较低的省份是否存在追赶较高省份的趋势。分别对全国以及三大地区进行绝对 β 收敛性检验，结果如表 4 – 5 所示。

表 4 – 5　　绝对 β 收敛性检验结果

	全国	东部	中部	西部
β	–0.161 (0.081)	–0.221 * (0.090)	–0.264 (0.202)	0.417 (0.232)

续表

	全国	东部	中部	西部
$\bar{R}$	0.096	0.313	0.081	0.241
F	3.990	6.002	1.705	3.225

注：* 表示5%显著。括号内是参数的标准差。

全国在碳强度约束下的全要素生产率的绝对β收敛检验结果显示$\beta<0$，从符号上看存在收敛。但是全国的β值却没有通过5%的显著性检验，表明全国范围内的收敛性的显著性水平较差。按三大地区划分，只有东部地区的β值通过了显著性检验并且$\beta<0$，表明东部地区的全要素生产率会趋同于某一稳定水平。结合σ收敛性检验的结果，可以认为东部地区存在俱乐部收敛现象[①]，彭国华（2005）对我国东部地区传统全要素生产率的收敛研究也得到相似结论。中部地区的β值小于0但显著性不高，说明绝对β收敛不明显。而西部地区的β值大于0，表明西部地区内部差距可能存在进一步扩大的趋势。

绝对β收敛检验的结论与σ收敛性检验相似，全国存在收敛的趋势不显著，并且西部地区的全要素生产率存在发散的趋势。这意味着目前国家的节能减排投入在区域分配上应该更注重西部地区。从图4－2可以看出，西部地区的碳强度指标处于全国落后水平，西部地区的经济增长模式仍然是粗放型的（刘生龙等，2009）。因此，结合对碳强度约束下全要素生产率的分解结论，要缩小西部地区与东、中部地区的差异，不仅需要加大在节能减排领域的投入，还需要加强地区之间的技术交流合作，促

① 俱乐部收敛现象是指将一些特征相似的经济体划分在一个群体（俱乐部）中，群体内部经济体的经济变量趋于相似的稳态水平，同时该稳态水平与其他群体不同。

进先进技术向西部扩散。否则，不仅将进一步拉大西部地区与东、中部地区的差距，而且对全国碳强度目标的完成情况也将造成影响。

（三）条件β收敛性检验

条件β收敛性检验将采用面板数据固定效应模型，通过计算，可以得到表4-6所示结果。全国及三大地区的估计系数均为负值，并达到了1%的显著性水平，说明在全国以及三大地区范围内的全要素生产率都存在着条件β收敛，表明各个地区都存在各自的稳态水平，并且都将收敛于各自的稳定水平。

表4-6　　条件β收敛性检验结果

	全国	东部	中部	西部
β	-1.186** (0.068)	-1.210** (0.010)	-0.864** (0.167)	-1.034** (0.198)
$\bar{R}$	0.702	0.737	0.493	0.540
F	12.971	12.690	4.681	5.251

注：** 表示1%显著。括号内是参数的标准差。

第五节　本章小结

2009年11月，中国政府提出未来中国控制温室气体排放的行动目标，即到2020年中国单位国内生产总值二氧化碳排放比2005年下降40%—45%，并将其作为约束性指标纳入国民经济和社会发展中长期规划中。这意味着低碳视角下经济增长的发展目标将有所不同，低碳经济的发展目标包括两个方面，一是经济增长，二是控制碳排放。片面追求经济增长或强制进行碳减排都可能影响到另一个目标的实现。中国 2020 年的碳强度指标，正是兼顾了低碳经济发展两方面目标而提出的。

低碳视角下全要素生产率的测度也应该充分兼顾这两个目标。传统的全要素生产率的测度方法仅考虑了国内生产总值这一期望产出，而没有考虑二氧化碳这一非期望产出。因此面对经济增长与碳减排的双重目标，传统方法在生产率测度上将产生偏差。本章运用环境 DEA 技术（EDT）和方向距离函数（DDF），构建碳强度约束下中国全要素生产率指数，并通过与传统全要素生产率的比较，修正了由于忽视碳排放造成的扭曲。本章进一步将碳强度约束下中国全要素生产率指数分解为效率变化指数与技术进步指数，并分析影响全要素生产率变化的重要因素，同时研究推动生产可能性边界外移的地区。最后，本章对全国以及三大地区在碳约束下的全要素生产率进行了收敛性分析。

本章得到以下主要结论：

（1）基于低碳视角下中国经济增长的碳强度目标同时兼顾了经济增长与碳减排。本章对全要素生产率的测算方法，能够与碳强度目标相吻合，即全要素生产率进步，碳强度下降，而全要素生产率倒退，碳强度上升。可以实现对现阶段经济增长双重目标下中国全要素生产率较准确的评价。

（2）效率变化对全要素生产率进步的影响很有限，全要素生产率的改善主要是通过技术进步实现的。

（3）引导技术进步的创新省份主要集中在东部地区，而中部和西部地区推动生产可能性边界外移的次数较少。

（4）东部地区的平均碳强度要小于中部地区与西部地区，同时东部地区的全要素生产率收敛的趋势较显著，收敛速度也较快。西部地区的平均碳强度最大，而且西部地区的全要素生产率不存在绝对 β 收敛性。

第五章　低碳视角下中国经济增长核算研究*

第一节　研究的特点与重点

关于中国经济增长，大致上可以用两个词来形容：高速，粗放。中国经济保持了30年年均9.9%的增长速度，即使在2009年全球金融危机的影响下，中国经济仍然维持了9.2%的高速增长。但重视速度往往很难兼顾效率。在能源稀缺、成本上涨以及全球气候变暖大背景面前，中国高投资拉动的粗放式增长不得不面对提高能源效率、减少二氧化碳排放等新挑战。

关于中国经济增长核算的研究，主要集中于分析推动中国经济增长主要因素，以往学者大都基于新古典经济增长模型或内生增长模型进行研究，赞同资本、劳动力（或人力资本）和全要素生产率增长是经济增长的主要推动因素（Chow 和 Lin，2002；李善同等，2005；王小鲁等，2009），并采用总量生产函数形式构建中国经济增长模型。

根据第三章的分析，二氧化碳排放问题主要基于现阶段的中国经济增长特点。中国经济增长依靠城市化进程推动，城市化一方面拉动需求，一方面改进效率。城市化对于高耗能产品的需

* 本章部分内容已发表在《中国社会科学》2011年第1期。

求，导致了工业化进程加快。尽管产业结构调整将有利于生产率的进步，但高耗能产品的大量生产却直接导致高污染与高排放。低碳视角下研究中国经济增长的核算，需要从城市化与工业化入手。同时，国家对能源强度的约束会直接影响能源效率水平，而能源效率变化能否对经济增长产生影响？如果能，这种影响是正向的还是负向的？这种影响具体又是多大？当在低碳视角下研究中国经济增长推动因素时，需要着重分析该问题。

考虑到第四章基于非参数环境 DEA 分析与方向距离函数模型无法对要素弹性以及其他参数进行估计，对生产过程也没有任何描述，而且无法纳入随机误差。因此，本章基于经济增长理论，在低碳视角下选择影响中国经济增长与全要素生产率变动的主要因素，构建中国经济增长动因分析模型，评价城市化、产业结构以及能源效率的变动对全要素生产率以及中国经济增长的影响。

与传统的研究不同，本章的研究有两个特点：第一，由于研究基于低碳视角，因此从现阶段经济增长的主要特征出发，将其作为全要素生产率变动的内生影响因素进行着重研究；第二，由于制度因素以及国内外经济运行环境的变迁，会对模型本身产生影响，进而引起各要素弹性和模型参数发生变化，因此，本章除了分析各因素对经济增长长期的平均影响程度以外，还进一步采用状态空间（State Space Model）模型，研究模型的时变参数，动态地考察各变量对经济增长与全要素生产率影响参数的变动趋势。

本章接下来的结构安排如下：

第二节将对研究所选择的变量进行说明。主要将对城市化率、产业结构以及能源效率水平进行描述。

第三节将对中国经济增长固定参数模型进行研究。首先是模型的构建与数据的处理。之后对模型进行实证检验。接着采用历史数据对模型进行拟合并同历史真实值比较。最后讨论不同时期各变量对中国经济增长的贡献。

第四节将对中国经济增长时变参数模型进行研究。首先是构建状态空间模型。之后对模型进行实证检验，并分析各变量的参数变化趋势。

第五节是本章小结。

第二节　变量选择与描述

二氧化碳排放的快速持续增长首先基于中国经济快速增长的现实。对比发达国家经济发展历程，虽然有能源稀缺程度、环境空间、技术水平等的不同，但是，目前中国的许多经济发展问题，如高耗能，高排放，粗放式经济增长，重工化经济结构，能源效率低，能源结构以煤为主等，都是城市化工业化阶段性的基本特征，符合阶段性发展的基本规律。因此，低碳视角下中国经济增长推动因素研究，很难抛开城市化与工业化这两个基本特征。

同时，更重要的是，虽然与世界其他国家相比，中国目前的能源效率还比较低。但从自身经济发展的历史来看，中国整体能源效率的改善是明显的。若以单位 GDP 能耗即能源强度来表示中国平均的能源效率水平，可以看出，从改革开放开始，能源强度保持着一直下降的趋势（见图 5－1）。以 1952 年不变价计算，2008 年的能源强度仅为 1978 年的 30%。换句话说，创造一单位的 GDP，1978 年所使用的能源量是 2008 年三倍以上。能源强度的下降，反映了能源利用效率的提高。因此，在保证中国经济长期快速增长的同时，中国的能源效率也在不断提高。

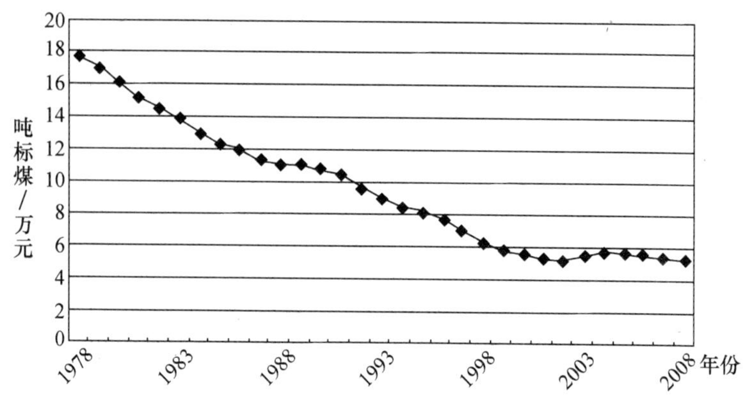

图 5 –1　改革开放至今中国能源强度变化趋势

资料来源：国家统计局《中国统计年鉴 2010》。

注：国内生产总值采用 1952 年不变价格计算。

中国政府在“十一五”提出 2010 年年末较 2005 年单位 GDP 能耗下降 20% 左右的约束性节能目标。采用单位 GDP 能耗作为节能目标，表明同减排一样，中国现阶段的节能也是在保证经济增长前提下的节能，即在同等能源消费的条件下提供更多的产品或服务，是一个相对量的概念，而不是绝对能源使用量的减少。换句话说，同二氧化碳库兹涅茨曲线所描绘的倒 U 形曲线类似，中国在目前的发展阶段很难做到能源消费在绝对数量上的减少。从这个意义上讲，节能的含义就是提高能源效率。现阶段的节能概念是具有经济属性，是一个涉及经济效率的问题。因此，能源效率是理解现阶段低碳目标的一个重要变量。

郑玉歆（1999）认为技术进步或全要素生产率进步不是外生的，而是内生于经济发展过程。因此基于低碳视角和现阶段经济发展特征，本章将选择城市化、产业结构和能源效率作为影响全要素生产率的变量。

城市化率作为城市人口占全社会总人口的比重，直接反映的是人口城乡结构。改革开放至今已经有四亿农村人口通过流动或就地城市化转变为城市人口。人口城乡结构变化将带来就业的变化，数量庞大的劳动力从效率相对低下的农业转向生产效率更高的工业部门或服务业部门，将成为推动劳动生产率提高的重要力量。同时城市化扩大了要素与商品流通的规模，加快了信息与知识传播的速度，对生产率提高与技术进步也具有积极的影响（Glaeser 等，1992）。而且城市较农村更完善的生产生活条件与受教育条件还有利于提高劳动者素质，同时良好的基础设施条件可以提高生产要素的使用效率，从而提高生产率（王小鲁等，2009）。

经济发展的同时伴随产业结构的调整。这一方面体现在农业国向非农业国转型，代表了生产力的提高，另一方面第二、第三产业的发展又体现了经济体制的不断开放，产业结构的不断升级，国民经济活力的不断增强。国际发展经验表明，产业结构升级是一国生产效率不断提高的重要推动力，将带动国家整体竞争优势的转换。同时产业结构变化将改善要素禀赋，并激励生产要素的规模聚集效应，从而带来全要素生产率的提高。

能源效率改进，意味着更少资源带来更多的收益，可以从三个层面正面影响生产率。第一，能源效率改进可以优化资源配置，例如淘汰落后产能将有效引导要素资源向具有先进技术的企业转移，有利于促进生产率的提高。第二，能源效率改进可以加快技术进步，如建筑节能促进隔热、照明等技术的研发。第三，能源效率改进具有很强的示范效应，能够较快地形成行业标准，推动技术扩散与应用。

但是节能需要投入，特别是在现阶段中国重工化与城市化的经济增长特征下，节能减排的努力可能需要付出一定经济代价。一方面节能投入增加了投资，可能造成生产成本上升。另一方面，由于没有反映外部成本，现行的能源价格可能被低估，节能的边际成本可能大于能源价格。因此，能源效率提高对全要素生产率产生影响比较复杂。本章将通过对历史数据的实证检验，着重分析节能减排对全要素生产率以及经济产生的影响。

除了城市化、产业结构以及能源效率以外，本章将选择物质资本和人力资本作为推动经济增长的生产要素变量。物质资本是推动中国经济增长最重要的生产要素之一。李善同等（2005）认为，改革开放以来，中国经济增长的最大推动力量是资本的快速积累，1978—2003 年平均对经济的贡献达到 63.2%。Chow 和 Lin（2002）、Wang 和 Yao（2003）、沈坤荣（1999）、王小鲁（2000）等也得到类似的结论。同时，王小鲁等（2009）、Fleisher 等（2010）认为不仅是劳动力数量，而且是知识劳动力即人力资本在经济增长中起主要作用。在初步研究之后，本章发现劳动力在统计上并不显著。因此本章使用人力资本替代劳动力作为推动经济增长的生产要素变量，纳入模型进行研究。

第三节　固定参数模型研究

一　模型构建与数据处理

本章根据索洛增长模型（Solow，1956），并且采用人力资本替代了原模型中的劳动力。本章总量生产函数采用希克斯中性的 Cobb-Douglas 生产函数形式，固定参数模型采用时间序列分析。

生产函数可写成以下形式：

$$Y_{(t)} = A_{(t)} K_{(t)}^{\alpha} H_{(t)}^{\beta} \quad (5-1)$$

其中 $Y_{(t)}$ 是总产出，$K_{(t)}$ 表示物质资本存量，$H_{(t)}$ 是人力资本存量，$A_{(t)}$ 是常数项，表示无法用物质资本和人力资本解释对经济增长的贡献，即用索洛余值法表示的全要素生产率。公式（5-1）所表示的生产函数中，$A_{(t)}$ 是外生的。α 与 β 分别代表物质资本与人力资本的产出弹性。

为了能够通过模型解释低碳视角下的中国经济增长，并着重分析城市化、产业结构以及能源效率对全要素生产率变化产生的影响。本章将 $A_{(t)}$ 内生化，把城市化率、产业结构以及能源效率引入生产函数。因此，公式（5－1）可以扩展成为以下形式：

$$Y_{(t)} = A_0 e^{r_1 \cdot IS_{(t)} + r_2 \cdot UR_{(t)} + r_3 \cdot EE_{(t)}} K_{(t)}^{\alpha} H_{(t)}^{\beta} \quad (5-2)$$

其中，$IS_{(t)}$ 表示产业结构，$UR_{(t)}$ 表示城市化，$EE_{(t)}$ 代表能源效率。r_1、r_2、r_3 表示这三个影响全要素生产率变量的系数，A_0 是常数项。

产业结构能够反映中国经济增长中经济结构的变化，是指在社会再生产过程中，一个国家或地区的资源在产业间的配置状态。产业结构表示各产业所占比重，体现产业间相互依存和相互作用的方式。根据配第—克拉克①定理，随着经济的发展，第一产业国民收入和劳动力首先向第二产业转移；当经济实力进一步提高时，国民收入和劳动力向第三产业转移。因此第二、第三产业生产总值的上升，能够体现出国民收入的提高与经济结构的优化。Dowrick 和 Gemmell（1991）同样认为，要素从农业部门向非农业部门的再配置对经济增长具有重要意义。考虑到中国具有发展中国家的后发优势，信息化阶段并不一定需要等到工业化结束之后才开始，而是伴随工业化过程一起进行的。从改革开放以来，第三产业比重由 1978 年的 23.9% 上升至 2008 年 40.1%。那么，第二、第三产业比重的提高能够反映产业结构的优化过程。

因此，本章选择第二、第三产业比重之和，即非第一产业的比重，作为 $IS_{(t)}$ 变量的指标。直观上看，该指标对经济增长具有

① 20 世纪 40 年代，由英国经济学家科林·克拉克在 17 世纪经济学家威廉·配第关于收入、劳动力与产业结构关系基础上提出。定理表明了经济发展与产业结构调整的动态关系。

正向的影响，即工业化与信息化水平越高，越有利于全要素生产率的进步，且对经济增长的贡献越大。

城市化结构是反映中国经济增长过程中人口结构变化的指标。经济发展过程就是城市化的过程。不论是从发达国家的经验还是中国自身的发展轨迹都表明，随着经济增长，越来越多的农村人口向城市转移，人口城乡结构得到优化。城市人口与农村人口相比，一般具有更高的收入、更好的受教育机会，以及更完善的生活条件。而这种改变又能刺激生产力的提高，同时拉动投资与消费。城市化加快的过程就是经济增长加快的过程。美国在经济快速发展时期（1890—1920 年），城市化率从 40% 提高到 51%；日本在其快速发展时期（1950—1970 年），城市化率从 56% 提高到 76%；中国台湾从 1960 年至 1980 年，城市化也从 55% 提高至 70%。

因此，本章将城市化率的变化作为解释全要素生产率变化因素之一，$UR_{(t)}$变量指标采用城市化率的变化来表示。根据各国发展经验，$UR_{(t)}$越大，表明城市化进程加快，能通过提高效率、带动投资等多方面促进经济增长。

单位 GDP 能耗能够反映经济增长过程中一国能源利用效率的变化。节能从投入产出角度分析，就是效率的提高，用更少资源带来更多的收益。能源效率的提高不仅是生产率水平提高的一种体现，更是中国可持续发展能力提高的一种体现。中国要走可持续发展的道路，在资源与环境的约束面前，必须节能减排。中国目前的单位能效远高于世界平均水平，约是世界平均水平的 2.7 倍。尽管中国与主要发达国家的能源消费强度差异正在缩小，并且收敛速度约为人均 GDP 的 1.55 倍（齐绍洲等，2009）。但是中国现阶段的重工化特征，加大了能源效率改进的难度。

本章 $EE_{(t)}$ 变量的指标采用能源效率来表示。一般而言，$EE_{(t)}$对经济的作用是正面的，即能源效率水平越高，对经济的贡献越大。但是另一方面，提高能效需要更多的投入，必须付出一定的经济代价，如果这一代价大于其对经济的拉动效应，那么提高能效的短期作用可能会使经济增长速度减缓。因此，本章将重点检验能源效率提高对全要素生产率以及经济增长的影响。

对公式（5－2）两边同时取对数，得到以下模型，

$$\ln Y_{(t)} = C + \alpha \ln K_{(t)} + \beta \ln H_{(t)} + r_1 IS_{(t)} + r_2 UR_{(t)} + r_3 EE_{(t)} + \varepsilon_{(t)} \tag{5-3}$$

其中 $Y_{(t)}$ 采用国内生产总值（GDP）作为指标，根据历年《中国统计年鉴》的数据，运用 GDP 平减指数调整为以 1952 年不变价计算。$K_{(t)}$ 采用物质资本存量作为指标，根据张军等（2004）永续盘存法方法估计得到①。$H_{(t)}$ 的人力资本指标根据王小鲁等（2009）方法，分劳动力受教育程度，用不同受教育水平的劳动力数量乘以受教育年限加总得到，2007 年之前数据来源于王小鲁等（2009），2008 年数据为作者更新。C 为常数项，$\varepsilon_{(t)}$ 为残差项。

本章的样本空间是从 1952 年至 2008 年的全国时间序列数据，一共 57 个样本点。实证数据均来自于历年《中国统计年鉴》、《新中国五十五年统计资料汇编（1949—2004）》以及中经网统计数据库。

二　实证检验

对模型（5－3）的初步回归结果表明其存在序列相关，本章采用了 ARMA（1，1）方法校正。为了检验规模报酬不变的假设，即 $\alpha + \beta = 1$，利用了 Wald 检验方法，结果见表 5－1：

---

① 测算公式为：$K_{(t)} = I_{(t)}/P_{(t)} + (1-\delta_{(t)})K_{(t-1)}$，其中 $K_{(t)}$ 为 t 年的实际资本存量，$I_{(t)}$ 为 t 年的名义投资，$P_{(t)}$ 为固定资产投资价格指数，$\delta_{(t)}$ 为经济折旧率，$K_{(t-1)}$ 为 $t-1$ 年的实际资本存量。

表 5 – 1　　模型的 Wald 检验结果

原假设	F 统计量	P 值
$\alpha+\beta=1$	0.651	0.424

$P>0.10$ 表明在 10% 的显著性水平上，不能拒绝原假设，即证实了规模报酬不变。因此可以将模型（5 – 3）转换成为：

$$\ln(Y_{(t)}/H_{(t)})=C+\alpha\ln(K_{(t)}/H_{(t)})+r_1IS_{(t)}+r_2UR_{(t)}+r_3EE_{(t)}+\varepsilon_{(t)} \quad (5-4)$$

运用 ADF 方法检验数据的平稳性。结果表明，以上时间序列在 5% 的显著性水平上均无法拒绝存在单位根的零假设。进行一阶差分后，所有序列均平稳。说明它们是 I（1）一阶单整序列（见表 5 – 2）。

表 5 – 2　　模型（5 – 4）各变量的 ADF 检验结果

变量	原序列		一阶差分序列	
	t 统计量	P 值	t 统计量	P 值
$\ln(Y_{(t)}/H_{(t)})$	–3.529	0.054	–3.895	0.025
$\ln(K_{(t)}/H_{(t)})$	–3.020	0.143	–4.327	0.009
$IS_{(t)}$	–3.527	0.054	–5.127	0.001
$UR_{(t)}$	–2.888	0.180	–8.824	0.000
$EE_{(t)}$	–1.715	0.720	–3.984	0.020

因此，本章将采用 Engle 和 Granger（1987）的协整检验方法。MacKinnon（1991）、李鲲鹏（2006）的研究表明，采用 E – G 两步法对残差进行 ADF 检验，其临界值与标准单位根检验的临界值不同。本章参照 MacKinnon（1991）的临界值表。经过对残差序列进行 ADF 单位根检验，在无截距项无趋势项时，在 1% 显著水平下为 I（0），因此避免了非平稳时间序列可能存在的伪回

归偏差，以上变量满足协整关系。即长期来看，物质资本、人力资本、产业结构、城市化与能源效率能够稳定地影响 GDP。

$$\ln(Y/H) = -4.116 + 0.396\ln(K/H) + 0.019IS + 0.049UR + 0.029EE$$

$$(-6.41) \quad (5.34) \quad (3.80) \quad (2.45) \quad (2.90)$$

$$\text{Adj} \quad \text{R-squared} = 0.985 \quad \text{DW} = 1.754$$

括号内为 t 统计量。以上结果表明所有变量系数符号都显著，并较好地通过自相关检验。根据规模报酬不变的检验结果，$\alpha = 0.394$，$\beta = 1 - \alpha = 0.606$，物质资本的弹性约为 0.4，表明 1952—2008 年间，物质资本增加 1% 能够拉动 GDP 约 0.4% 的增长。产业结构及城市化的系数符号均与预期相同，表明产业结构中第二、第三产业的比重增加以及城市化水平加快，对促进全要素生产率提高以及中国经济增长都起到了积极作用。其中，产业结构的影响系数为 0.019，城市化的影响系数为 0.049。城市化成为中国经济增长的主要助推器（王小鲁，2000）。能源效率的系数大于零，说明能源效率改进对全要素生产率进步起到了正向的作用。这也进一步表明，中国政府实施约束性的节能目标与低碳目标，可能对经济增长综合表现为积极的正面影响，对生产率提高和经济增长存在一定贡献。

三　结果分析

通过对 GDP 进行拟合，比较拟合值与真实值可以发现，除了个别年份的两者之间存在一定差距，如 1995 年的波动为 9.5%，2001 年波动为 7.0%，其他年份估计值均比较接近真实值（见图 5－2）。因此通过模型（5－4）拟合的情况与真实经济情况较吻合，解释力度较好。

根据对模型估计的结果，按不同时段将经济增长率进行分解，分析物质资本、人力资本以及全要素生产率对经济的贡献程度（见表 5－3）。结果表明在中国 60 年的经济增长中，无论哪个时期，物质资本都是推动经济增长的最重要因素，并且物质资

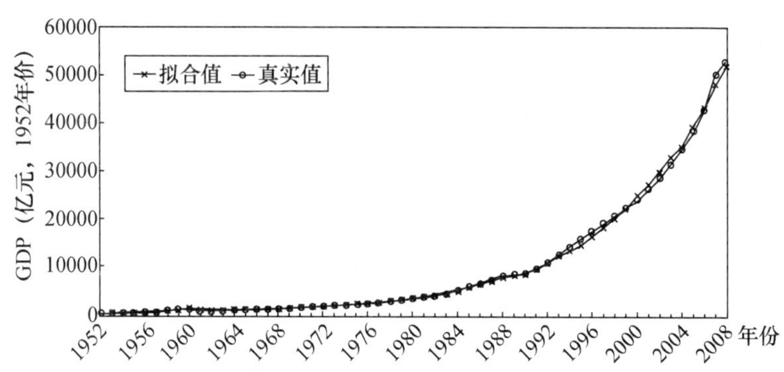

图 5－2　1952—2008 年中国国内生产总值真实值与拟合值对比

本的积累速度在不断加快，对经济的贡献程度也不断增大。改革开放后，全要素生产率进步的作用越来越明显，在近 20 年里，成为经济增长的第二动因。该结果与 Wang 和 Yao（2003）以及王小鲁等（2009）的研究发现一致。全要素生产率或技术进步对经济增长的高贡献率一般只有进入经济增长减速的成熟期才会发生，发展阶段可以缩短，但难以超越（郑玉歆，1999）。

分析推动全要素生产率进步的城市化、产业结构与能源效率因素，可以得到以下结论。

在改革开放前，产业结构的调整是促进生产率提高的主要原因，从农业向工业转型可以解放生产力，带动技术进步，农业比重从 1952 年的 51% 下降到 1978 年的 28%。而随着改革开放后工业化进程的进一步推进，产业结构调整对全要素生产率的贡献率略有下降。

由于 2000 年之后城市化进程的加快，使得城市化水平对全要素生产率的贡献现阶段最为明显。按城市化率与全国人口总数折算，相当于平均每年有约 1600 万人口从农村向城市转移。尽管中国 2008 年城市化率已经达到 45.7%，2011 年已经超过了

50%，但是从发达国家的经验来看，未来中国的城市化率提高的空间还很大，2020 年左右中国的城市化水平还将进一步快速提升。

表 5 -3　　　　　不同阶段经济增长率的贡献因素

因素＼年代	1952—1978	1979—1988	1989—1998	1999—2008
GDP 平均增长率	6.1	10.1	9.6	9.7
按增长来源分解				
要素贡献	4.5	8.2	6.8	7.5
物质资本	2.8（7.2）	4.4（11.2）	4.9（12.4）	5.9（15.0）
人力资本	1.7（2.8）	3.8（6.3）	1.9（3.2）	1.5（2.5）
全要素生产率贡献	1.6	1.9	2.8	2.2
产业结构（%）	50.4	45.7	42.3	39.5
城市化水平（%）	34.7	37.5	38.1	47.6
能效水平（%）	4.6	3.8	4.2	7.9

注：（1）本表中物质资本与人力资本括号里的数值表示在该时期各自的平均增长率。（2）全要素生产率贡献按产业结构、城市化水平与能效水平分解，表格中数值表示各结构变量对全要素生产率的贡献率。由于是某一段时期的平均值并且还存在其他因素的贡献，因此三者相加略小于 1。

能源效率对全要素生产率的贡献率与城市化和产业结构相比，整体影响还很小，但是现阶段正在不断提高。这与中国开始转变长期以来的粗放经济增长模式，越来越重视能源强度有很大关系。从第九个五年计划（1996—2000 年）开始，政府开始重视经济增长向集约方式转变。“十一五”规划对能源效率提出了约束性指标，明确单位 GDP 能耗比“十五”末下降 20% 左右。尽管 2010 年年底这一目标的最终基本实现（完成了 19.1%）与全球金融危机对能源需求的影响，以及最后时刻采用拉闸限电的行政干预有一定关系，但这一方面充分表示了中央政府完成目标的决心和彻底执行的态度，另一方面表现了在现阶段城市化与工业化进程加快的宏观经济背景下，节能减排的难度。在发展经济的同时重视节能减排已经成为未来经济可持续发展的重要方面。

第四节　时变参数模型研究

一　时变参数研究的特点

在有关中国经济增长的研究中，不同的学者对生产函数参数（尤其是物质资本的产出弹性）的设定有着不同意见。Chow（1993）采用的物质资本产出弹性为0.6，在研究中同样使用这一数值还有李善同等（2005），张军和施少华（2003）。Wang和Yao（2003）则认为资本产出弹性为0.5，王小鲁（2000）同样认为该弹性应为0.5。而王小鲁等（2009）的研究发现物质资本产出弹性约为0.3，张帆（2000）计算的物质资本产出弹性为0.35，郭庆旺和贾俊雪（2005）的计算结果显示该弹性约为0.7。

出于模型本身变量和数据来源的不同，研究产生非一致的结果是可以理解的。本章第三节分析低碳视角下中国经济增长推动因素时，和以往文献类似，采用的是固定参数的计量方法，得到从1952年至2008年近60年的平均物质资本产出弹性约为0.4。处于大多数文献对物质资本产出弹性估计的区间范围之内。

但在中国经济发展整个过程中，特别是改革开放以来的不同阶段，由于政策、制度和国内外经济环境的变化，物质资本、人力资本特别是产业结构、城市化以及能源效率同经济增长之间的数量关系也会随之变化。比如城市化进程在改革开放的不同阶段对全要素生产率的作用不可能是一成不变的，20世纪90年代重视小城镇发展，而2000年之后大城市发展迅速，两个阶段的城市化过程对生产率的影响系数应该存在差异。

固定参数计量方法一般只能表现出静态或者平均的变化规律，大致反映出整体过程中不同变量对经济增长的作用大小与影响系数。但固定参数方法却无法表现出不同时期由于诸多不可观测原因而产生的变量之间所客观存在的动态变化关系，更无法定量分析不同时点上每个变量对增长或全要素生产率的影响系数。

为了揭示变量之间的这种变化关系，将基于状态空间模型（State Space Model）对低碳视角下中国经济增长固定参数模型进行改进，对一系列参数的时变情况进行动态研究。

二　状态空间模型

状态空间模型的最大特点是可以在分析经济现象随时间变化的规律时，除了加入可观测的变量，还可以加入不可观测的变量。这些不可观测的变量称为状态变量，包括理性预期、测量误差以及一些不可观测的趋势和周期因素。状态空间模型可以分析经济随时间变化的规律，是一种适合时变参数分析的计量方法。

状态空间模型主要应用于多变量时间序列。一般包含两个方程：

信号方程（Signal Equation）：$y_t = B_t x_t + a_t + v_t$；

状态方程（State Equation）：$x_t = R_t x_{t-1} + c_t + u_t$。

其中 y_t 为 $k \times 1$ 维的可观测向量，x_t 是 $m \times 1$ 维的状态向量，x_t 允许包含不可观测的元素。一般 x_t 满足一阶马尔克夫（Markov）过程，R_t 为状态转移矩阵。v_t 与 u_t 分别满足均值为 0，协方差矩阵为 D_t、F_t 的连续不相关扰动项。而且扰动项之间相互独立。系统矩阵与系统向量 $\{R_t, B_t, a_t, c_t, D_t, F_t\}$ 依赖于一个不可观测的参数向量，通过状态空间模型就是为了估计这些参数。

将前文的经济增长模型（5－4）改写，构建中国经济增长动因分析的时变参数模型。

信号方程：

$$\ln(Y_{(t)}/H_{(t)}) = c1 + sv1_{(t)}\ln(K_{(t)}/H_{(t)}) + sv2_{(t)}IS_{(t)} + sv3_{(t)}UR_{(t)} + sv4_{(t)}EE_{(t)} + v_{(t)} \quad (5-5)$$

其中参数 $sv1_{(t)}$，$sv2_{(t)}$，$sv3_{(t)}$，$sv4_{(t)}$是随时间而变化的，可以表现出要素变量和结构变量随着时间的变迁对经济增长的影响。

状态方程：

$$sv1_{(t)} = \varphi1sv1_{(t-1)} + u1_{(t)} \quad (5-6)$$

$$sv2_{(t)} = \varphi2sv2_{(t-1)} + u2_{(t)} \quad (5-7)$$

$$sv3_{(t)} = \varphi3sv3_{(t-1)} + u3_{(t)} \quad (5-8)$$

$$sv4_{(t)} = \varphi4sv4_{(t-1)} + u4_{(t)} \quad (5-9)$$

状态方程采用一阶自回归过程 AR（1）形式。模型中五个扰动项 $v_{(t)}$、$u1_{(t)}$、$u2_{(t)}$、$u3_{(t)}$和 $u4_{(t)}$被假定为均值为 0，方差一定，而且相互之间不相关。

三　时变模型分析结果

由于新中国成立初期的 20 世纪五六十年代国内外环境和制度均较不稳定，导致估计结果在这段时间的较多年份出现较明显的异常值。因此本章重点针对改革开放后 30 年（1978—2008 年）中国经济增长过程中各变量参数变化情况进行讨论。

物质资本的产出弹性由 1978 年的 0.66 开始逐年下降。根据边际报酬递减规律，一种要素相对稀缺性下降，将导致该要素的产出弹性下降。在改革的前 10 年，物质资本的产出弹性下降幅度最大。因为改革初期资本积累速度明显加快，达到年均 11.2%，是改革前的 1.6 倍。当物质资本积累速度不断加快的同时，人力资本的增长速度在近 20 年来却呈下降趋势，因此资本的产出弹性会相对降低，在近十年稳定在 0.4 左右。物质资本产出弹性的变化走势也反映出中国近 30 年的经济增长主要是由资本投资拉动的。但是单靠物质资本积累的增长是很难可持续的

(Krugman，1994；卫兴华和侯为民，2007)，粗放式发展亟须调整。首先，图 5－3 中已经反映了物质资本产出弹性会随着其积累的增长而下降，而回报率的下降意味着未来经济增长需要更快的资本积累速度。其次，依靠资本积累型的增长方式是粗放的，大规模的固定资产投资和基础设施建设需要消耗大量能源与原材料，目前中国的钢材、水泥等高耗能产品的消费量均位居世界第一，中国近十年的二氧化碳排放占全球的一半，面临的二氧化碳减排压力巨大，未来发展将接受更大的能源与二氧化碳排放约束。

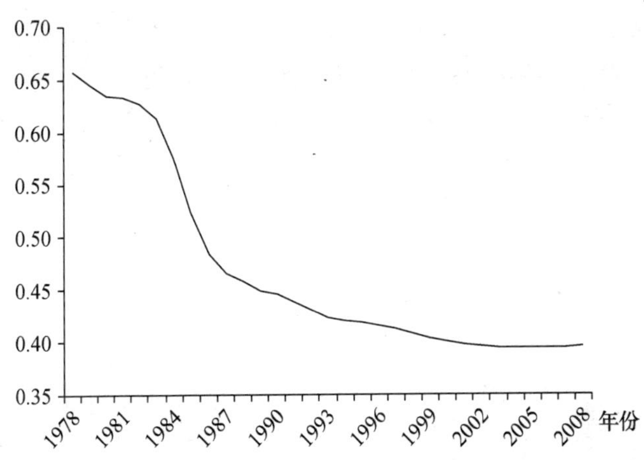

图 5－3　物质资本产出弹性的变动趋势

产业结构调整对全要素生产率的影响程度呈现出一种 U 形的变化趋势。改革开放初期，第一产业比重为 30% 左右，农业在国内生产总值中还占据很重要的位置。之后这一比例迅速下降，第一产业被其他产业快速的替代，1993 年农业比重降到了 20%。这一时期农业所有制结构的变化和乡镇中小企业的发展也进一步加快了产业结构调整的步伐。改革开放后的 15 年，是农业比重下降较快的 15 年，产业结构调整对全要素生产率的影响系数也相对较大。这是由于第二、第三产业的生产率要普遍高于第一产业生产率，快速的产业结构调整，第一产业被其他产业替代，对全要素生产率的作用也较明显。1998 年之后，基础设施（包括交通、能源等）的建设加强，同时随着开放步伐的加快，中国承接国际分工取得了工业的进一步发展，外贸顺差增大。这一时期，第二产业与第三产业比重分别提高 3% 左右，加快要素资源向第二、第三产业转移，使得产业结构对全要素生产率的影响作用再次得到了提高（见图 5－4）。干春晖和郑若谷（2009）对产业结构演进与生产增长的研究也表明产业结构对生产率的影响具有阶段性的特点。刘伟和张辉（2008）的研究将产业结构从全要素生产率中分解出来，同样发现改革开放之后结构变迁的贡献率持续下降，至 1998 年之后又开始上升。

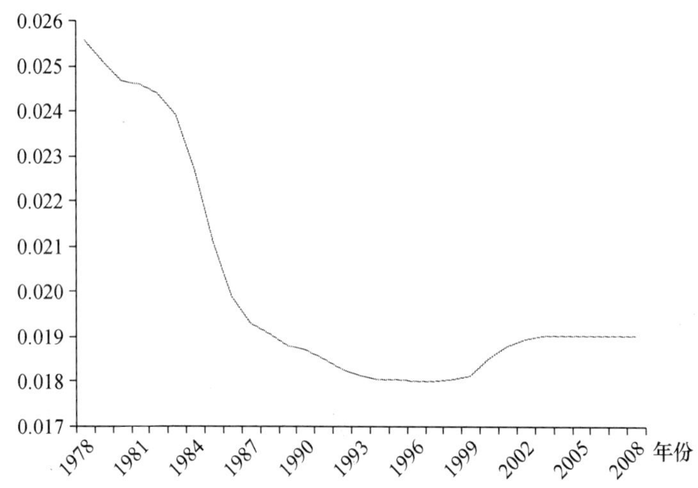

图 5－4　产业结构对全要素生产率影响系数的变动趋势

城市化率变化对全要素生产率的影响作用总体上呈现增强的趋势。改革开放初，城市人口还不到 20%，城市化进程相对也较缓慢，对整体经济的拉动作用还不明显。20世纪90年代左右，国家逐步放松了农村人口进城的政策，城市化速率较改革开放初期明显加快。从图5－5中看出，这一时期城市化对全要素生产率的影响作用也迅速提高。经济活动聚集在城市中带来了明显的规模效应与技术外溢作用，同时城市化有利于物质资本与人力资本的积累与协作，促进分工，扩展市场。1995年之后，城市化率以平均每年超过1%的速度上升，城市化对生产率的影响作用稳定在一个较高的水平。城市化的顺利推进是未来中国经济增长中重要的结构变革因素（中国经济增长与宏观稳定课题组，2009）。

图5－5　城市化水平对全要素生产率影响系数的变动趋势

改革开放之后，虽然能源效率不断提高，但能源效率对全要素生产率的影响力逐渐缩小，表明提高能效与节能减排对于中国经济拉动的影响系数不断减小。换句话说，中国在节能减排上做出巨大努力的同时也付出了一定的经济代价。正如前文讨论的，节能减排可能并不一定有利于提高经济增长率，因为改善能效需要增加投资和提高成本，这会使产品价格升高，降低其在市场中的相对竞争力。因此在现实中，节能减排的意义涉及一个短期与长期、政策与市场的问题。对节能减排技术的开发，需要的前期投资较大，在市场机制运作下短期内经济性难以体现，因此自发地进行节能减排技术开发的动力较小。同时，由于目前能源价格无法反映出能源的外部性，国内能源价格长期被低估，导致节能初期的边际成本往往要高于从市场上获得等量能源的边际成本。这对于市场主体来说，选择节能还不如选择直接购买能源。如果政策能够给予足够的引导与扶持，或者通过设计更加合理的能源价格机制，使节能减排的先进技术比相对耗费资源的落后技术更有成本优势。那么，节能减排的先进技术会迅速替代其他落后技术，并很快成为市场的标准，带来整个行业能源效率的提高。因此在节能目标的约束以及政策的引导与支持下，长期来看，能源效率的不断提高对经济的拉动作用将会进一步增强。从图 5－6

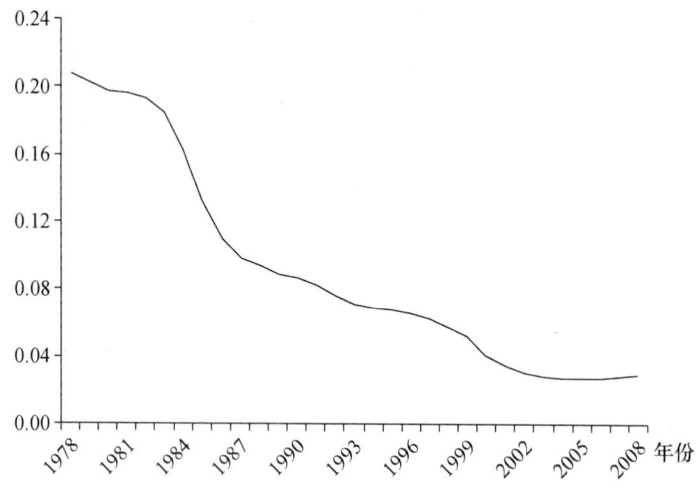

图 5－6　能效水平对全要素生产率影响系数的变动趋势

纵坐标的符号上看，改革开放以来，能源效率提高的全要素生产率所产生的影响仍是正向和积极的。而且 2004 年之后，能源效率的影响系数有逐渐增强的趋势。说明“十一五”期间一系列淘汰落后产能、推动节能减排等政策对经济增长与生产率提高均具有较好的效果。

综上所述，通过时变参数模型的结果表明，改革开放以来，物质资本、人力资本以及其他变量对经济增长的影响系数存在着较明显的变化。人力资本与城市化的作用增强，而物质资本、产业结构与能源效率的影响作用则逐渐下降并趋于稳定。

第五节　本章小结

中国二氧化碳排放问题主要是基于现阶段的中国经济增长特点而产生的。城市化进程、产业结构调整以及能源效率的变化不仅是现阶段影响中国二氧化碳排放的重要因素，而且也是对全要素生产率变化产生影响的重要变量。因此，本章在低碳视角下研究中国经济增长核算问题，应该基于二氧化碳排放与中国经济增长的重要特征，把研究重心放在考察城市化、产业结构与能源效率对生产率以及整体经济增长的影响。

基于经济增长理论采用希克斯中性的 Cobb - Douglas 生产函数形式，本章采用 1952—2008 年的全国数据，对影响经济增长和全要素生产率变化的各种因素进行研究，并构建了固定参数模型。实证检验表明，模型可以较好地对中国经济增长进行拟合。

固定参数计量方法一般只能表现出静态或者平均的变化规律，但由于制度因素、国内外经济运行环境的变迁以及其他不可观测的因素，会对模型变量之间的关系产生影响。为了进一步基于低碳视角，研究不同时期各变量系数的变化趋势，本章进一步采用状态空间（State Space Model）模型，构建中国经济增长时变参数模型，动态地考察各要素以及结构变量对经济的影响系数变化趋势。

本章得到以下主要结论：

（1）低碳视角下中国经济增长研究基于经济增长的现阶段特征。实证结果表明，城市化、产业结构与能源效率对全要素生产率的影响都是正向且积极的。现阶段，城市化的作用最明显，已经成为推动生产率进步的主要力量。

（2）低碳视角下的中国经济增长固定参数模型表明，尽管全要素生产率对经济增长的贡献在不断增强，但现阶段中国经济增长仍然主要依靠要素积累。物质资本积累对经济增长的贡献仍占到一半左右。这符合经济增长的客观规律。

（3）低碳视角下的中国经济增长时变参数模型研究有助于动态地理解不同因素对经济增长或全要素生产率影响系数的变化情况。改革开放至今，人力资本与城市化的作用增强，而物质资本、产业结构与能源效率的影响作用则逐渐下降并趋于稳定。

（4）能源效率对全要素生产率的影响系数不断减小，表明节能减排上做出巨大努力的同时也付出了一定的经济代价。长期来看，要想充分发挥能源效率对全要素生产率以及经济增长的贡献作用，必须配合节能目标约束以及政策的引导与支持。

第六章　低碳视角下中国工业要素配置效率研究*

第一节　优化要素配置效率与节能

2011 年 3 月，中国“十二五”规划纲要确定了 2015 年年末较 2010 年能源强度降低 16%，碳强度降低 17% 的约束性目标。在现阶段中国经济增长的背景下，二氧化碳减排与节能的目标基本一致。因此以低碳视角分析中国经济增长，把握节能是问题的关键。

Syrquin（1986）的研究表明，生产要素的优化配置是生产率增长和经济增长的一个重要来源。郑玉歆（1999）也同样表示，对经济增长来讲，资源的有效配置是最重要的，使有限的资源得到充分有效的使用，应是实现经济增长首选途径。李玉红等（2008）认为改革过程中淘汰低生产率企业，并且让高效率企业进入市场将带来资源重新配置，实现整体生产率的提高，进而促进中国经济增长。张连城和周明生（2010）也认为如果城市化推进好，空间要素配置效率高，增长路径转化会很平稳，如果空间要素配置效率低，长期看会走向大振荡。因此，本章将着重研究中国经济增长过程的要素配置效率问题。

---

* 本章部分内容已发表在《数量经济技术经济研究》2014 年第 5 期。

一般来说，节能方式有两种，一种是走市场，一种是靠行政。靠行政见效比较快，操作起来相对容易。节能通常从最容易的做起，“十一五”期间，各级政府习惯采用行政手段，通过关停落后产能，提高行业的整体生产效率，甚至到最后关头的拉闸限电确保指标完成，从结果上看，这么做的收效是比较明显的。但行政手段成本是比较大的，那些淘汰产能背后的成本通常很少人去关注。而且行政手段缺乏可持续性，当落后产能大都被替代之后，节能的后续动力又是什么，如果拉闸限电的做法可持续，那随之而来经济损失如何评估。“十一五”的落后产能已经关得差不多了，“十二五”的节能可能更多地需要转变为走市场的方式。推进能源市场化改革，遵循市场规律重新配置资源，也许将是“十二五”发挥节能潜力的关键问题。

2000 年至今，中国工业部门创造的国内生产总值一直占到全国的 40% 左右。其中，较低是 2002 年，工业 GDP 占全国比重 39.4%，较高的是 2006 年，为 42.2%。而从不同产业的能源消费占全社会能源消费的比重来看，2000 年至今，工业部门消费的能源则始终占到全国能源总消费的 70% 左右（见图 6－1）。这意味着，从数据本身上看中国工业部门使用 70% 的能源，创造出 40% 的 GDP。因此，面对能源要素主要集中于工业部门的现实情况，中国工业部门应该是节能减排的重点。同时，根据国民经济行业分类，对工业部门内部的产业可以进行更细致的划分，而工业内部的不同产业间具有较大的属性差异和各自的要素特征，如能源密集型产业、资本密集型产业和劳动密集型产业等。因此，本章研究中国工业部门内部要素配置效率的现实意义可能更加突出。

要素配置与节能的关系可以用图 6－2 来表示。假设两种要素市场，要素分别为 X_1（能源）和 X_2（非能源），$L(Y^A)$ 表示等产量线。P_1 与 P_2 分别表示要素 X_1 与要素 X_2 的在完全竞争市场

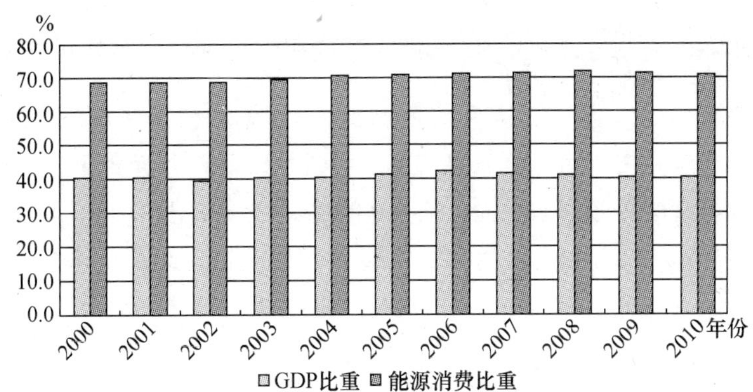

图 6 – 1　工业增加值占 GDP 比重及工业能源消费占全社会能源消费比重

资料来源：国家统计局《中国统计年鉴 2011》。

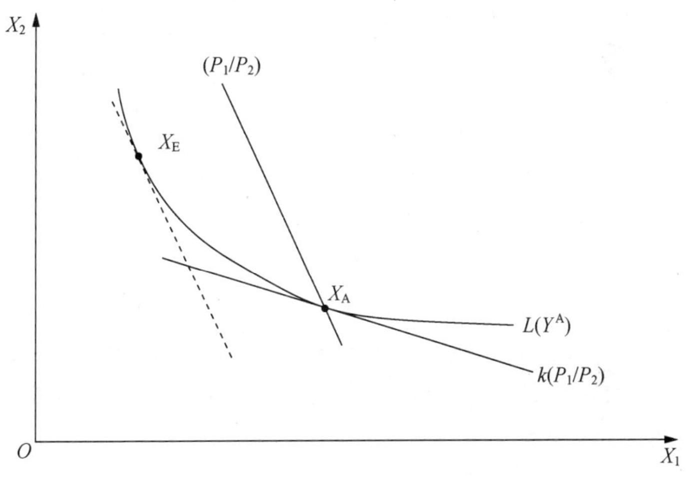

图 6 – 2　优化要素配置效率与节能的示意图

下的出清价格。如果要素完全按市场进行配置，或者说要素市场完全有效，那么最优的要素配置结构应该是要素组合 X_E，即等产量线与要素价格比例$\left(\frac{P_1}{P_2}\right)$的切点。但是由于要素市场不完善，或者由于能源价格无法体现外部成本而被低估，导致要素价格比例实际上为$\frac{kP_1}{P_2}$（$0<k<1$），那么厂商根据实际要素价格选择不同要素的投入量，在等产量线上选择的配置结构为要素组合 X_A 点。这样，要素市场不完善造成了要素价格偏离出清价格，从而导致要素配置效率被扭曲，X_A点的能源消费要大于 X_E点。因此，通过合理的市场设计，可以提高要素配置效率，纠正价格扭曲，让 k 接近或等于 1，从而使价格与产量线切点向左移动，以减少能源要素的投入。

第四章的环境 DEA 方法与方向距离函数的优点是考虑了生产技术无效率，而且可以将多种产出纳入研究范围，能够同时基于期望产出与非期望产出分析多个单元的技术效率与技术进步。但却对生产过程缺少描述，而且无法考虑误差项。第五章基于索洛余值的思想，通过描绘具体的生产函数来解释经济增长与全要素生产率，具有较清晰的经济意义。但先验设定的新古典假设如完全竞争市场，希克斯中性等在现实中很难满足，因此无法刻画由于不完全竞争等因素所导致的要素配置效率问题。更重要的是，第五章的固定与时变参数模型假定所有生产者都处于最优边界，无法将生产无效率的现实情况纳入分析框架。

本章将采用随机前沿面分析法（Stochastic Frontier Analysis，SFA），放松了所有生产者效率都最优的假定，同时通过对生产函数的估计，描述了具体的生产过程。但是该方法对数据要求较高。需要说明的是，由于每章研究侧重点不同，本书不同章节仅仅希望用相对合适的研究方法解释低碳视角下中国经济增长的不同问题，因此，无法简单地评价上述几种方法的优劣性，只能说针对不同的研究对象而言，某一方法较其他方法更加适合。

本章接下来的结构安排如下：

第二节将对随机前沿生产函数模型进行说明。主要将对完全竞争市场最优配置状态、随机前沿分析法以及超越对数生产函数进行描述。

第三节将对中国工业要素配置效率进行核算。首先是数据的处理。之后对模型进行实证检验。接着分别对技术效率、要素产出弹性、要素投入与产出份额以及要素配置效率进行分析。

第四节将对优化要素配置的中国工业节能潜力进行研究。主要从能源要素的重置空间、节能潜力的变动趋势以及不同产业的节能潜力等方法进行描述。

第五节是本章小结。

第二节　随机前沿生产函数模型

一　完全竞争市场的最优配置状态

根据 Kim（1992），在要素市场完全竞争的假设下，考虑一个一般性的生产函数：

$$Y = F(X) \tag{6-1}$$

其中 Y 表示产出水平，X 为要素投入向量。由产出最大化与利润最大化条件，可以得到最优化目标需要满足：

$$\frac{W_m}{C} = \frac{\frac{\partial Y}{\partial X_m}}{\sum\left(\frac{\partial Y}{\partial X_m}\right)X_m} \tag{6-2}$$

和

$$\frac{W_m}{P} = \frac{\partial Y}{\partial X_m} \tag{6-3}$$

其中，W_m 表示第 m 种要素投入 X_m 的价格，C 表示总成本，等于 $\sum W_m X_m$，P 代表产出的价格水平。根据公式（6－2）和公式（6－3），可以容易推导出：

$$P=\frac{C}{\sum\left(\frac{\partial Y}{\partial X_m}\right)X_m} \tag{6-4}$$

将要素投入 X_m 的成本占总成本的份额表示为 S_m，即 S_m 可以用以下形式表示：

$$S_m=\frac{W_mX_m}{C} \tag{6-5}$$

由（6-3）式，等式两侧同时乘以$\frac{X_m}{Y}$，则得到：

$$\frac{W_mX_m}{PY}=\frac{\frac{\partial Y}{\partial X_m}}{\frac{Y}{X_m}}=\frac{\partial \ln Y}{\partial \ln X_m}=\varepsilon_m \tag{6-6}$$

$$W_mX_m=PY\varepsilon_m \tag{6-7}$$

其中，（6-6）式中 ε_m 表示要素投入 X_m 的产出弹性。

将（6-7）式和（6-4）式代入（6-5）式，经过简单计算，可以得到：

$$S_m=\frac{\varepsilon_m}{\sum\left(\frac{\partial Y}{\partial X_m}\right)\frac{X_m}{Y}}=\frac{\varepsilon_m}{\sum\varepsilon_m} \tag{6-8}$$

$\sum\varepsilon_m$ 为所有要素投入的产出弹性之和，表示规模报酬，$\sum\varepsilon_m>1$ 为规模报酬递增，$\sum\varepsilon_m<1$ 为规模报酬递减，$\sum\varepsilon_m=1$ 为规模报酬不变。有关中国总量生产函数的研究中，大多数文献采用（或检验）了 $\sum\varepsilon_m=1$ 的假设（王小鲁等，2009；郭庆旺和贾俊雪，2005）。

公式（6-8）表明，在完全竞争市场条件下，最优化条件意味着要素投入的成本份额与要素投入的产出弹性份额相同。但在能源要素市场发展相对滞后的转型经济中，二者可能并不一定相等，中间的偏离程度则表示为要素配置的扭曲，纠正要素配置的扭曲可以优化配置效率。

二　随机前沿生产函数方法

Debreu（1951）和Farrell（1957）引入生产无效率概念，认为经济系统中存在投入产出的外部边界，生产前沿刻画了系统内最优的生产行为。这意味着经济系统中并非每个生产者都处在生产前沿上，大部分生产者与最优生产效率之间存在一定差距。随机前沿生产函数法的最大优点是放松了所有生产者都能实现最优效率的假设，将生产无效率纳入研究范围。随机前沿生产函数方法由Aigner等（1977）和Meeusen和Broeck（1977）分别独立提出，最初的模型仅针对横截面数据。经过发展，Battese和Coelli（1992）提出了应用面板数据的随机前沿生产函数模型，具体的函数形式可以表示为：

$$Y_{it}=X_{it}\alpha+(v_{it}-u_{it}) \tag{6-9}$$

其中下标i代表行业，下标t代表年份，Y_{it}表示第i个行业t时间的产出（一般取对数形式），X_{it}为各种要素投入（包括资本、劳动与能源），α为待估参数向量，v_{it}是随机误差，假定服从白噪声的正态分布，$u_{it}=u_i\exp(-\eta(t-T))$为技术无效率项，$u_i$服从半正态分布，为非负的随机变量，$u_{it}$和$v_{it}$独立不相关。

其中复合残差项的方差为$\sigma^2=\sigma_u^2+\sigma_v^2$。并定义$\gamma=\frac{\sigma_u^2}{\sigma^2}$，代表技术无效率项方差在复合残差项中所占的比例，显然$\gamma\in[0,1]$。如果$\gamma=0$，表明实际产出偏离前沿面将全部归因于随机误差项，如果γ越接近于1，则表明行业间的技术无效率是引起实际产出偏离前沿面的主要原因，越适合采用随机前沿生产函数模型。

采用技术效率的定义（Battese和Coelli，1992），第i个行业在第t个年份的技术效率可以表示为：

$$TE_{it}=\exp(-u_{it}) \tag{6-10}$$

年份t和年份$t-1$的技术效率变化可以按下式计算：

$$TEC_{it} = \frac{TE_{it}}{TE_{it-1}} \tag{6-11}$$

Kumbhakar（2000）基于面板数据的随机前沿生产函数模型，将第 i 个行业在第 t 个年份的要素配置效率表示为：

$$AE_{it} = \sum_{m} \dot{X}_{itm}\left(\frac{\varepsilon_{itm}}{\sum \varepsilon_{itm}} - S_{itm}\right) \tag{6-12}$$

其中 $\dot{X}_{itm}$ 表示第 i 个行业在第 t 个年份第 m 种要素的增长率，$\frac{\varepsilon_{itm}}{\sum \varepsilon_{itm}} - S_{itm}$ 表示实际要素投入比例与新古典标准生产函数要求的要素比例之间的偏离程度。在完全竞争和利润最大化条件下，要素市场价格等于其边际收益，则（6－8）式已经证明实际要素投入的成本份额与最优的产出份额相等。能源要素市场尚不完备的情况下，利用要素配置效率分析目前中国能源要素的合理配置问题具有较强的现实意义。

三　超越对数生产函数

考虑在现实经济系统中，某种要素投入对产出的影响除了和该要素投入有关外，还与其他要素投入相关，而超越对数生产函数形式较 C－D 生产函数或 CES 生产函数形式，放松了对规模报酬和替代弹性的限制，在实证研究中更加灵活，在估算全要素生产率（王志刚等，2006）、要素替代率（Berndt 和 Christensen，1973）等方面应用较广。因此，本章在张军等（2009）的基础之上，采用三要素（资本、劳动和能源）超越对数生产函数形式，并假设技术非中性，增加了时间趋势项。具体函数形式表示为：

$$\begin{aligned}\ln Y_{it} = {} & \alpha_0 + \alpha_T T + \alpha_{TT} T^2 + \alpha_K \ln K_{it} + \alpha_L \ln L_{it} + \alpha_E \ln E_{it} \\ & + \alpha_{KL} \ln K_{it} \ln L_{it} + \alpha_{KE} \ln K_{it} \ln E_{it} + \alpha_{LE} \ln L_{it} \ln E_{it} \\ & + \alpha_{KK} (\ln K_{it})^2 + \alpha_{LL} (\ln L_{it})^2 + \alpha_{EE} (\ln E_{it})^2\end{aligned}$$

$$+\alpha_{KT}(\ln K_{it})T+\alpha_{LT}(\ln L_{it})T+\alpha_{ET}(\ln E_{it})T+(v_{it}-u_{it}) \quad (6-13)$$

其中，$\ln Y_{it}$是第 i 个行业在第 t 个年份对数产出，T 是时间趋势项，K，L，E 分别代表资本、劳动和能源要素。根据（6－13）式，各要素产出弹性可分别表示为：

$$\varepsilon_K=\alpha_K+\alpha_{KL}\ln L_{it}+\alpha_{KE}\ln E_{it}+2\alpha_{KK}\ln K_{it}+\alpha_{KT}T \quad (6-14)$$

$$\varepsilon_L=\alpha_L+\alpha_{KL}\ln K_{it}+\alpha_{LE}\ln E_{it}+2\alpha_{LL}\ln L_{it}+\alpha_{LT}T \quad (6-15)$$

$$\varepsilon_E=\alpha_E+\alpha_{KE}\ln K_{it}+\alpha_{LE}\ln L_{it}+2\alpha_{EE}\ln E_{it}+\alpha_{ET}T \quad (6-16)$$

根据最大似然法对超越对数生产函数参数的估计，可以分别计算中国工业分行业技术效率、要素配置效率以及节能潜力。

第三节　中国工业要素配置效率测算

一　数据描述

（一）行业统计口径处理

本章研究基于中国工业部门的 37 个工业行业，2000—2009 年期间的投入产出和成本的面板数据。根据目前国内使用的 2002 年版《国民经济行业分类标准》，工业二位数行业共分为 39 类，其中采矿业 6 类、制造业 30 类，电力、燃气及水的生产和供应业 3 类。为了使《中国统计年鉴》、《中国工业经济统计年鉴》和《中国能源统计年鉴》等 2003 年之前行业分类与 2003 年之后的口径保持相同，本章作了如下处理：（1）由于 2003 年之后的分类中取消了“木材及竹材采运业”，因此将 2000 年、2001 年和 2002 年的“木材及竹材采运业”与“其他制造业”合并为“其他工业”；（2）“其他采矿业”的各项数值均较小，故合并入“其他工业”；（3）2003 年之后增加了“废弃资源和废旧材料回收加工业”和“工艺品及其他制造业”，而 2000 年、

2001 年与 2002 年并无此分类，为了统一口径，将 2003 年之后的这两个行业合并入“其他工业”。

经过合并，本章构建了 2000—2009 年 37 个二位数工业行业。

（二）变量选择和数据处理

（1）资本

现有文献对资本存量通常采用永续盘存法进行计算（张军和章元，2003），永续盘存法的基本公式是：

$$K_{it} = I_{it} + (1 - \delta_{it}) K_{it-1} \tag{6-17}$$

其中 K_{it} 和 K_{it-1} 分别代表 i 行业第 t 年和第 $t-1$ 年的资本存量，I_{it} 代表新增固定资产投资，δ_{it} 为折旧率。2000 年基期数据参考陈诗一（2010a）。《中国 2002 年投入产出表》与《中国 2007 年投入产出表》分别提供了 2002 年与 2007 年工业各行业的折旧额，根据《中国统计年鉴》提供的规模以上工业分行业固定资产原价、固定资产净值年平均余额以及固定资产投资和建设总规模，本章估算各年各行业的折旧率，进而计算各年各行业的资本存量。所有数据按固定资产投资价格指数折成 2000 年不变价。

根据（6－12）式，与测算技术效率不同，分析要素的配置效率还需要核算要素投入的成本。资本成本考虑利息支出和固定资产折旧两个方面（涂正革和肖耿，2005）。其中各年各行业的固定折旧在估算资本存量时已经计算。利息支出等于利率与资本存量的乘积，利率来自中国人民银行提供的当年五年期贷款利率（若当年利息有变动则取平均值）。以 2009 年为例，资本存量最高的行业分别是“电力蒸汽热水生产和供应业”、“黑色金属冶炼及压延加工业”和“化学原料及化学制品制造业”，同时这些行业也是资本成本最高的行业。

（2）劳动

各年各行业劳动数据均来自于《中国统计年鉴》按行业分规模以上工业企业全部从业人员年平均人数。劳动成本主要是指劳动报酬（张军等，2009），本章选取各年各行业劳动者工资总成本作为劳动成本，数据来自《中国劳动统计年鉴 2011》。以 2009 年为例，从业人员最多的行业是“电子及通信设备制造业”、“纺织业”和“非金属矿物制品业”，而劳动者人均工资最高的行业分别是“烟草制品业”、“石油和天然气开采业”和“电力蒸汽热水生产和供应业”。

（3）能源

能源要素投入量采用各年《中国能源统计年鉴》提供的各年工业分行业终端能源消费量（标准量）。分行业能源成本根据以下公式计算：

$$C_{itE} = O_t \sum_d E_{itd} P_{itd} \tag{6-18}$$

其中 C_{itE}表示 i 行业第 t 年的能源总成本，O_t 是第 t 年的燃料动力价格指数（以 2000 年为基年），E_{itd}表示第 d 类终端能源消费量，P_{itd}表示第 d 类终端能源的价格。其中 O_t 来自于《中国统计年鉴》；E_{itd}根据《中国能源统计年鉴》中各年工业分行业煤合计、油品合计、天然气和电力消费量，分成煤炭、石油、天然气和电力四类；煤炭价格 2000—2007 年来自《中国能源发展报告 2008》（林伯强，2008），2008—2009 年来自 CEIC 数据库；石油价格采用原油进口价格，并根据各年汇率换算成人民币计价；天然气价格采用 36 个城市工业用气平均价格；电力价格采用 36 个城市普通工业用电平均价格。石油价格、天然气价格和电力价格数据均来自 CEIC 数据库。

以 2009 年为例，终端能源消费量最多的行业分别是“黑色金属冶炼及压延加工业”，“化学原料及化学制品制造业”和“非金属矿物制品业”，均属于初级工业品制造业，三个行业的能源消费占 2009 年工业全行业终端能源消费的 54.3%。与中国目前所处的城市化发展阶段相符，目前初级工业品是工业能源消费的主要去向，包括钢铁、水泥等大量基础设施建设工业原料的能源消耗占到了整个工业终端能源消费的一半以上。而从能源价格数据上看，这三个行业的能源平均价格都比较低，而平均价格较高的行业分别为“水的生产和供应业”、“石油和天然气开采业”、“通信设备、计算机及其他电子设备制造业”和“仪器仪表及文化、办公用机械制造业”等。按标准量计算，四种终端能源中煤炭的价格最低，属于成本相对廉价的能源，而成本因素也是决定中国以煤为主能源结构的主要原因。石油和天然气价格基本相当，电力价格最高。从图6－3可以看出，在制造业中，处于生产链上游的初级工业品制造业的终端能源价格大致偏低，而处于生产链下游的行业终端能源价格都普遍较高，表明上游行业能源消费主要选择以成本较低的煤炭为主，伴随生产链的转化，行业对能源价格的承受能力也随之改变。

（4）产出

由于投入要素中包括了中间投入品能源，因此各年工业分行业产出将采用工业总产值数据，来自《中国统计年鉴》和《中国工业经济统计年鉴》。同时根据工业生产总值指数将各年工业分行业名义工业总产值折算成以2000年不变价格。表6－1给出了本章数据的统计描述。

二 回归结果

根据2000—2009年中国工业37个行业面板数据，采用随机前沿分析法对超越对数生产函数模型（13）进行估计。本章运用Frontier（Version 4.1）程序估计。

表6－2给出了有关参数及其相关检验的结果。可以看到在回归结果中，超越对数生产函数中15个主要参数，除了4个没有通过显著性检验，其他11个都大致通过了显著性检验①。总

① 其中α_{KK}与α_{ET}分别在11.5%和12.5%的水平上显著。

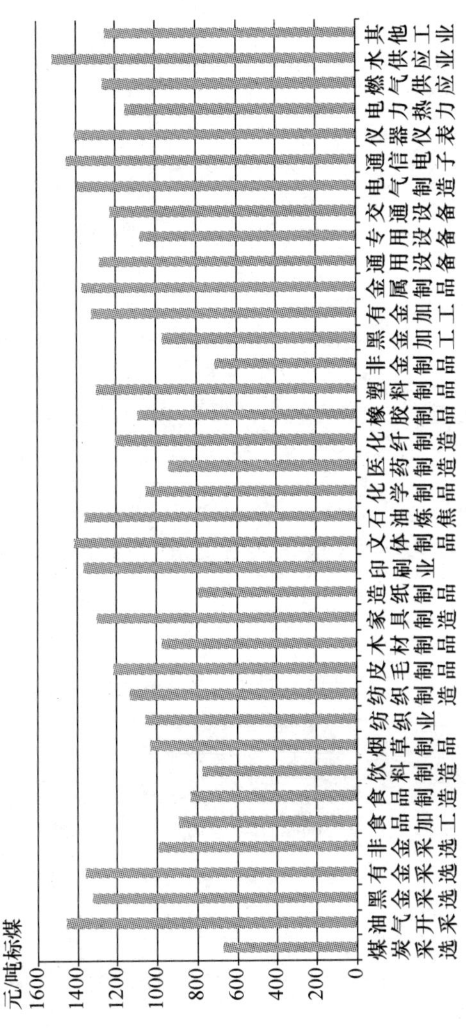

图6-3　2009年工业分行业终端能源平均价格

表 6－1　　数据的统计描述

	单位	平均值	标准差	最小值	最大值
工业总产值	亿元	4087.3	4019.5	170.1	18712.0
资本存量	亿元	3475.7	5008.1	250.7	43224.5
从业人数	万人	170.8	148.3	14.0	677.3
能源消费	万吨标煤	4354.6	8114.6	91.3	56404.4
资本成本	亿元	605.2	864.4	48.4	6565.5
劳动成本	亿元	299.5	315.6	11.5	1788.6
能源成本	亿元	407.2	757.1	6.3	5469.4

体上看，本意构建的超越对数生产函数模型具有较好的解释力。

另一方面，$\gamma = 0.9824$，且 LR 统计检验在 1% 水平下显著，表明工业各行业生产与前沿面的差距主要是由生产无效率造成的，分析 2000—2009 年工业 37 个行业面板数据适合采用随机前沿分析法。

表 6－2　　中国工业行业超越对数生产函数的随机前沿分析（2000—2009）

	系数	标准差		系数	标准差
α_0	3.8328	1.6360 **	α_{KK}	－0.1205	0.0765
α_T	0.1937	0.0601 ***	α_{LL}	－0.0871	0.0289 ***
α_{TT}	－0.0013	0.0012	α_{EE}	0.0014	0.0398
α_K	0.9320	0.4602 **	α_{KT}	－0.0286	0.0118 **
α_L	－0.4378	0.2200 **	α_{LT}	－0.0108	0.0060 **
α_E	－0.5564	0.3008 *	α_{ET}	0.0111	0.0072
α_{KL}	0.2243	0.0726 ***	σ^2	1.0329	0.3023 ***

续表

	系数	标准差		系数	标准差
α_{KE}	0.0970	0.1044	γ	0.9824	0.0055 ***
α_{LE}	-0.0192	0.0523	η	0.0284	0.0072 ***
最大似然估计的对数似然函数值：118.99					
LR 似然比检验统计量：660.29					

注：*、**、*** 分别表示在 10%、5% 和 1% 水平下显著。LR 似然比检验统计量符合混合卡方分布（Mixed Chi - square Distribution）。

三　技术效率变化

根据实证结果，按（6-10）式与（6-11）式可测算 2000 年至 2009 年工业各行业的技术效率变化情况。表 6-3 显示，工业全行业的平均技术效率从 2000 年至 2009 年不断提高，十年间提高了 18.47%。但是技术效率变化的速率却在逐年缩小。这表明工业全行业的技术效率虽然得到改进，但改进的幅度随着时间的推移而下降，增长率由最初的 2.04% 下降到 2009 年的 1.76%。何枫等（2004）也同样发现中国的技术效率随时间持续恶化的现象。

表 6-3　　　　工业全行业技术效率变化

指标＼年份	2001	2003	2005	2007	2009
技术效率	0.4177	0.4344	0.4513	0.4681	0.4849
技术效率变化	1.0204	1.0197	1.0190	1.0183	1.0176

从 37 个工业行业看，技术效率最高的行业分别是“通信设备、计算机及其他电子设备制造业”、“皮革、毛皮、羽毛（绒）及其制品业”与“纺织服装、鞋、帽制造业”等，这些行业的技术效率在 0.9 左右，与工业行业生产函数的前沿面相当接近。

设备制造、纺织皮革等行业属于传统出口导向性行业，随着中国经济开放程度不断加深，比较优势进一步发挥，保持着相对较高的技术效率水平。技术效率变化最快的行业分别为“电力蒸汽热水生产和供应业”、“水的生产和供应业”、“煤炭开采和洗选业”、“非金属矿物制品业”和“黑色金属冶炼及压延加工业”等，这些行业在2000—2009年保持着年均5%以上的技术效率增长率。特别是“电力蒸汽热水生产和供应业”2009年较2000年提高了76.83%。这主要是由于近年全社会电力需求迅速增长引发电力行业新建和更换新机组、新设备的步伐加快，设备使用效率明显提高。电力行业在2009年就提前实现了政府提出的“十一五”期间关停5000万千瓦小火电机组的目标，全国30万千瓦及以上的火电机组的比重从43.37%上升到了67.1%。从整体看来，制造业与采矿业和电力、燃气及水的生产和供应业相比，整体上技术效率水平较高，但技术效率增长率相对较低。

四 要素产出弹性

按公式（6－12）要素配置效率的定义，首先需要对各要素的产出弹性进行测算。采用公式（6－14）、（6－15）和（6－16），图6－4显示了2000—2009年工业全行业平均要素产出弹性。资本的产出弹性从2000年的0.79逐渐下降至2009年的0.60，劳动的产出弹性也从最初的0.30下降至0.23，而能源的产出弹性则由0.10上升至0.25。其中资本与劳动的产出弹性结论与Chow（1993）、张军和施少华（2003）以及郭庆旺和贾俊雪（2005）估算结果大致相同。而资本产出弹性的下降也与第五章对Cobb－Douglas生产函数的时变参数研究结果一致。根据边际报酬递减规律，若一种要素相对稀缺性上升，将导致该要素的产出弹性上升。能源要素产出弹性的上升，体现了能源在要素市场上的稀缺程度不断凸显。从总体规模报酬来看，2000—2009年要素弹性之和均大于1，中国工业全行业的规模报酬递增。这同投入产出增长的实际情况相吻合，2009 年中国工业终端能源消费为 2000 年的 2. 11 倍。同期资本存量变化 2. 15 倍，劳动力数量变化了 2. 17 倍，而工业总产值上升了 2. 46 倍。

按 37 个工业行业分析，大部分行业都存在规模报酬递增，反映了大多数行业具有一定的规模效应，扩大产业规模可以提高效率。只有 9 个行业存在规模报酬递减，主要集中在采矿业和初级产品制造业，如“有色金属矿采选业”、“烟草制造业”和“文教体育用品制造业”。反映这些行业的要素自由配置可能受到较大扭曲，产量增长率要小于各种生产要素投入增长率。

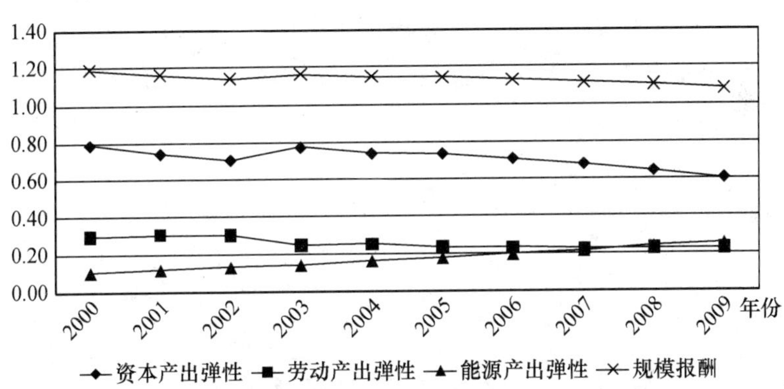

图 6－4　工业全行业平均要素产出弹性

五　要素产出与成本份额

图 6－5 显示了 2000—2009 年工业全行业资本、劳动与能源要素平均产出份额与平均投入份额的变化趋势。资本的平均产出份额在 2000—2002 年逐渐下降，由最初的 67. 39% 下降至 63. 12%，而 2003 年又反弹至 67. 42%，随后持续下降至 2009 年的 56. 53%。而劳动的平均产出份额在样本区间内则呈现先升后降的过程，由 2000 年的 24. 67% 上升至 2002 年的 26. 31%，随

后又持续下降并大致稳定在 20.74% 左右。能源平均产出份额在样本区间内变动的较为明显，2000 年仅占到 7.94%，之后一直上升，到 2009 年超过了劳动的平均份额。要素平均产出份额的变动趋势，反映了要素在生产过程中对产出的贡献程度变化。而要素平均投入份额的变动，则是要素在总成本中所占比重变化的体现。资本平均投入份额在 2000 年占总成本的 61.65%，之后保持下降趋势，至 2009 年约下降了 20 个百分点，降至 42.06%。劳动的平均投入份额则在持续上升，由 16.85% 上升至 35.35%，这反映了劳动者报酬不断提高的趋势，以“煤炭开采和洗选业”为例，2009 年人均工资较 2000 年上涨了 4 倍左右。能源的平均投入份额略有起伏，但大致保持稳定，由 2000 年的 21.51% 上升到 2006 年的 24.24% 之后，又下降至 2009 年的 22.59%。

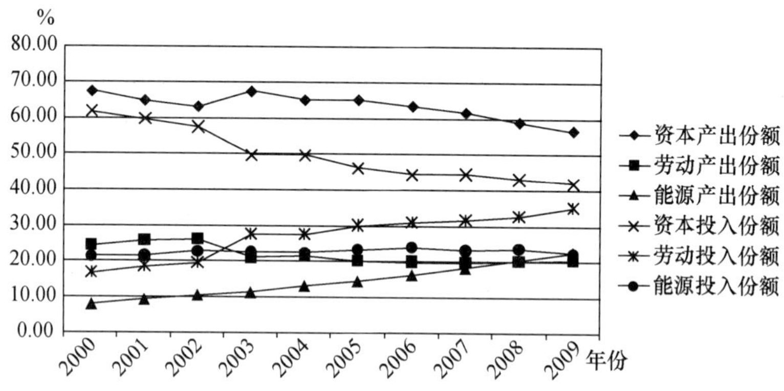

图 6-5　工业全行业平均要素产出份额与成本份额

六　要素配置效率

根据公式（6-8），在完全竞争市场条件下，要素投入的成本份额与要素投入的产出弹性份额相同，即 $S_m = \frac{\varepsilon_m}{\sum \varepsilon_m}$。而从实证结果图 6-5 来看，二者并非相等，之间的差距则表示为要素配置的扭曲。

按公式（6－12），计算了中国工业全行业的要素配置效率。从图6－6可以看到，从2000年至2003年，要素配置效率持续恶化，2003年下降至－4.13%。这主要归因于2003年中国资本、劳动和能源要素市场的较大变动。2003年全社会固定资产投资增长速度突然增大，国外制造业加速向国内转移，同时外延型投资增长明显，钢铁、电解铝、水泥等高耗能基础原材料行业投资增速加快，上述三个行业的投资分别比上年增加了99.6%、92.9%和121.9%。在劳动力资源配置方面，十六大之后，以建立现代企业制度为目标的国有企业改制浪潮兴起，大量国有企业职工在转制中进入市场，开始二次就业，而且2003年第一批高考扩招大学生毕业，传统计划经济体制下“包分配”制度全面转变为“双向选择”的市场就业体制，对劳动力市场形成了较大冲击。2002年国务院印发《电力体制改革方案》，2003年能源市场供需矛盾凸显，煤电油运全面趋紧，特别是电力短缺问题严重，尽管当年火电发电设备平均利用小时数高达5760小时，较2002年增加了488小时，但仍很难满足社会发展对电力的需求。2004年与2005年要素市场经过适应与调整，工业全行业的要素配置效率有所复苏。“十一五”政府提出2010年年末完成能源强度较“十五”末下降20%左右的约束性节能目标，投资过热的势头有所缓解，要素流向效率更高的企业与部门。从2006年开始，要素配置效率由负转正，对工业整体生产率的提高起到一定的促进作用。分37个行业来看，2001年有25个行业的配置效率小于零，2003年这一数值增加到33个。2005年之后具有负向要素配置效率的行业下降至30个，至2007年18个行业具有正向的要素配置效率，2009年正向要素配置效率行业达到21个。这种趋势表明随着要素市场化的深入，工业行业要素配置的扭曲正在减小，要素配置向更加优化的方向发展，进一步推动了生产率的提高。

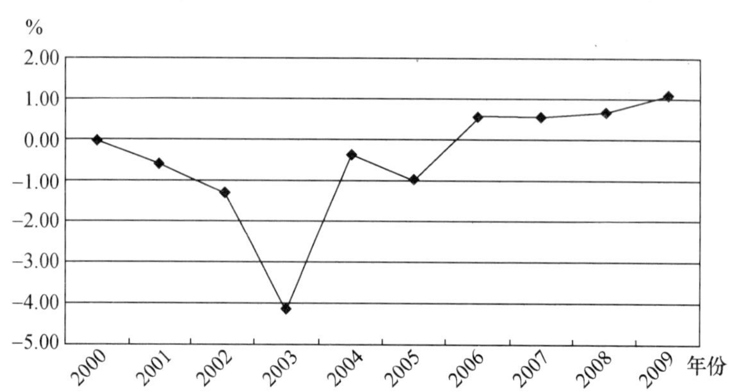

图 6-6　工业全行业要素配置效率

要素配置效率由要素投入份额、要素产出份额和要素的增长率共同决定，与技术效率变化相比，更易受市场和政策的影响，存在一定的波动性，但总体上仍处在不断改善的过程中，特别是2006 年之后，技术效率变化持续下降的趋势与要素配置效率不断上升的趋势，表明要素配置效率改善对工业总效率提高起到的正向作用可能会越来越明显。遵循无形之手为主，有形之手为辅的原则，通过宏观政策的调控，保障资源的有效再分配，减少要素市场的扭曲对中国工业经济未来发展将更有意义。

第四节　优化要素配置的中国工业节能潜力

一　能源要素的重置空间

要素配置效率实际上反映的是要素变化对要素配置扭曲程度的消长过程。以能源要素为例，能源产出份额代表完全竞争市场下的最优均衡值，若配置扭曲程度为负，表明能源的实际投入份额大于其均衡值，即能源所占投入成本中的份额过高，减少能源消费可以降低能源在投入成本中所占的份额，使其接近要素配置的最佳状态。因此，工业各行业的能源实际投入与最优水平之间的差距，反映了能源要素重置的空间（张军等，2009），即通过改善要素配置获得的节能潜力。

通过分别测算37个工业行业的能源要素配置扭曲程度，加总得到中国工业全行业的实际能源消费与最优能源消费。结果如图6-7所示，2001—2009年间工业全行业的实际能源消费呈快速上升态势，2001年为9.2亿吨标煤，2009年提高至20.5亿吨标煤，平均每年增长9.28%。工业全行业实际能源消费在2009年较2008年略有下降，主要归因于全球金融危机对中国工业部门生产的冲击，导致2009年工业总产值（可比价）较2008年有所下降。2001—2009年能源消费最优水平也保持着持续增长的趋势，2001年为4.93亿吨标煤，2009年上升至18.0亿吨标煤。与实际能源消费不同，2009年最优能耗消费量较2008年并没有出现下降，表明中国工业发展对能源的内在最优需求仍在增加，现阶段中国能源需求的刚性特征明显。

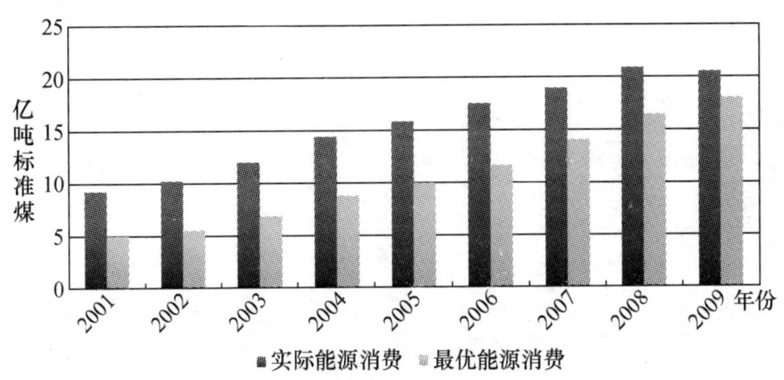

图6-7　中国工业全行业的实际能源消费与最优能源消费

二　节能潜力的变动趋势

图6-8显示了2001—2009年中国工业全行业的节能潜力。

柱状图表示节能潜力的绝对量，2001—2009 年节能潜力呈现先增大后减小的趋势，这与图 6－6 所反映的要素配置效率先恶化后改善的趋势大体一致。2001—2005 年中国工业粗放型发展态势明显，特别是高耗能的重工业大规模发展，导致 2005 年单位国内生产总值能耗较 2001 年提高了近 7.5%，能源强度的提高在一定程度上反映了能源要素流向利用效率更低的行业。在此期间要素配置效率恶化，工业全行业的节能空间增大。而 2006 年之后，在政府“十一五”末能源强度下降 20% 的政策约束下，能源要素从低效行业向高效行业流动，要素配置效率改善，实际能源消费量逐步趋近完全竞争市场下的最优水平。折线图为节能潜力的相对量，等于节能潜力与实际能源消费量的比值。2001—2009 年工业全行业的相对节能空间不断缩小，这一方面体现了样本区间内实际能源消费量随着工业增长一直保持着不断上升的趋势，另一方面也表明近几年能源价格与国际市场接轨，对减少配置扭曲，充分发挥节能潜力具有正面影响。而 2005 年之前的折线相对平坦（4 年下降了 9.0%），2005 年之后的折线相对陡峭（4 年下降了 25.1%），则与柱状图显示先升后降的趋势大致相同。

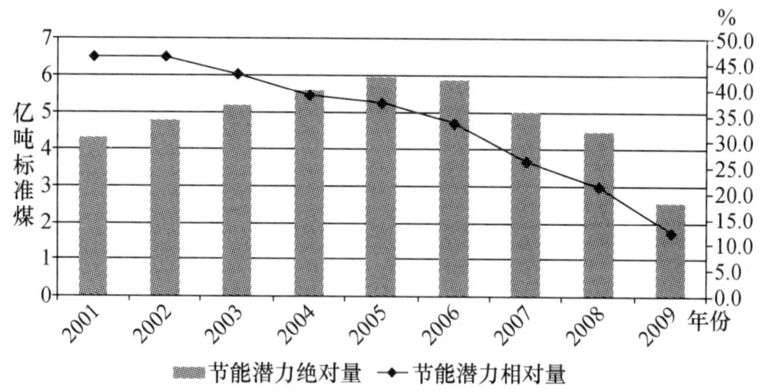

图 6－8　2001—2009 年中国工业全行业的节能潜力

三　不同产业的节能潜力

以 2009 年为例，37 个工业行业中，有 15 个行业的能源产出份额小于其投入份额，表明这些行业的能源要素配置存在负的扭曲，实际投入量大于最优投入量，存在节能潜力。而其他 22 个行业则相反，能源要素配置存在正的扭曲，要达到最优投入量，必须增加其能源投入。如表 6 - 4 所示，“有色金属冶炼及压延加工业”、“石油加工、炼焦及核燃料加工业”与“黑色金属冶炼及压延加工业”的能源配置扭曲程度都超过了 25%，表明实际能源投入份额要大大高于完全竞争市场下的最优份额，因此存在着较大的节能空间。

表 6 - 4　　2009 年具有要素配置节能潜力的 15 个行业

序号	行业	扭曲程度	要素密集类型
1	有色金属冶炼及压延加工业	31.20%	能源密集型
2	石油加工、炼焦及核燃料加工业	27.11%	能源密集型
3	黑色金属冶炼及压延加工业	25.68%	能源密集型
4	化学原料及化学制品制造业	23.96%	能源密集型
5	非金属矿物制品业	19.38%	能源密集型
6	化学纤维制造业	17.83%	能源密集型
7	黑色金属矿采选业	13.63%	能源密集型
8	其他工业	12.77%	能源密集型
9	有色金属矿采选业	12.32%	能源密集型
10	橡胶制品业	8.34%	能源密集型
11	造纸及纸制品业	5.64%	能源密集型
12	非金属矿采选业	5.43%	能源密集型
13	木材加工及木、竹、藤、棕、草制品业	2.20%	劳动密集型
14	纺织业	1.91%	劳动密集型
15	金属制品业	1.20%	劳动密集型

按资本、劳动和能源要素的密集程度，将 37 个行业分成资本密集型、劳动密集型和能源密集型三类①。15 个能源要素配置扭曲为负的行业中前 12 位均为能源密集型行业。这一结论与要素投入边际产品递减规律相吻合，由于能源密集型行业能源要素的投入较多，能源的产出弹性小于资本与劳动的产出弹性，最优的产出份额也相应较小，而能源要素投入较多同时意味着能源密集型行业的能源成本较大，于是相应的在投入端能耗成本份额也较大。因此，提高能源密集型行业的能源要素配置效率，应该成为中国工业节能的重点。

第五节　本章小结

从中国政府“十二五”规划可以看出，节能与二氧化碳减排在目标设定上有较大的一致性。现阶段中国经济增长所伴随的二氧化碳减排问题应该主要从节能的途径着手。优化要素配置不仅是经济增长的重要途径，同时纠正不完全竞争要素市场带来的配置扭曲还可以减少能源投入，实现节能。因此本章基于低碳视角着重对中国经济增长过程的工业行业要素配置效率问题进行研究。

本章构建了包括资本、劳动和能源三种要素的超越对数生产函数，并采用随机前沿分析法进行实证分析，结果证明了将生产无效率纳入研究范畴的合理性。本章采用 2000—2009 年中国 37 个工业行业的资本、劳动、能源与产出的面板数据。通过对模型系数的估计，本章对中国工业部门技术效率、要素产出弹性、要素投入与成本份额以及要素配置效率等进行核算。目的在于研究

① 37 个工业行业中，资本和能源密集型各 12 个行业，劳动密集型 13 个行业。

低碳视角下中国经济增长过程中实际要素配置与完全竞争市场最优配置状态的差距。本章进一步估计了通过优化要素配置所带来的中国工业部门节能潜力。

本章得到以下主要结论：

（1）中国工业全行业要素配置效率在前期持续恶化之后，在2006年由负转正，工业行业要素配置的扭曲正在减小，要素配置向更加优化的方向发展。这种转变得益于政府坚定推行"十一五"约束性的能源强度目标和中国工业要素市场化改革的深入。

（2）中国工业全行业潜在节能量也同样经历了一个先上升后下降的过程，在2005年上升到最大值后持续下降。节能潜力的分析表明能源要素正在从低效行业向高效行业流动，中国工业全行业的要素配置效率改善，实际能源消费量逐步趋近完全竞争市场下的最优水平。

（3）从具体行业上看，能源密集型行业具有较大的节能潜力，而木材加工、纺织、金属制品等劳动密集型行业也具有一定的能源要素重置空间。

（4）节能的长效机制需要通过市场手段。政府通过设计更为市场化，更为透明公平和有效的价格机制，引导资源流向更高效的部门，将是"十二五"节能减排的关键。

第七章　低碳视角下中国对外贸易结构研究*

第一节　中国对外贸易与二氧化碳排放

根据《BP 世界能源统计 2011》提供数据，2000—2010 年，中国二氧化碳排放以每年 8.6% 的速度上涨，2010 年的排放量是 2000 年的 2.3 倍。由于经济高速发展，以煤为主的能源结构以及不断增长的出口，中国已经取代美国成为二氧化碳全球第一排放国（Gregg 等，2008；PBL，2009；Wang 和 Waston，2007；Weber 等，2008）。根据世界银行（World Bank）数据，2008 年中国超过德国成为全球第一大出口国。贸易经济全球化让世界在发展面前整合成为一个整体，气候问题全球化同样让全人类在生存面前共同承担责任。

基于资源与要素禀赋状况进行国际分工，使得各国的产业结构与贸易结构不尽相同，发展中国家在积累初期，倾向于生产有形商品或提供劳务服务供发达国家消费，以交换资本、技术和服务等无形商品，形成发展中国家生产，发达国家消费的国际贸易模式。但这样的结果造成消费侧与生产侧区域上的分离，消费侧无须承担在生产过程中产生的二氧化碳排放，而排放的责任全归

* 本章部分内容已发表在 *Energy Policy* 2010 年第 1 期。

咎于发展中国家。特别是中国，2010 年中国出口额占国内生产总值的 27.1%。贸易在给中国经济增长带来重要贡献的同时，也让中国承担了因贸易直接或间接产生的二氧化碳排放责任。Machado 等（2001）的研究表明，发达国家对能源消耗型商品的需求通过从发展中国家进口获得满足，而这种贸易全球化却进一步增加了发展中国家的二氧化碳排放。在只有部分国家承担约束性减排义务的情况下，承担义务国家可能通过贸易等手段增加非减排义务国家二氧化碳排放的现象，被称为碳泄漏（Carbon Leakage），Peters 和 Hertwich（2008）研究表明碳泄漏已经占到《京都议定书》39 个附件 B 国家二氧化碳排放量的 10.8%。

考虑到改革开放以来，中国对外贸易对经济增长所起到的重要作用，以低碳视角研究中国经济增长问题，需要特别地在开放经济的前提下，对中国对外贸易与二氧化碳排放之间的关系进行分析。与基于生产流程计算的排放不同，基于产品计算的在整个生产链过程所排放的二氧化碳被称为内涵碳。如果在封闭经济条件下，对基于生产过程的生产侧直接排放与基于消费侧的最终商品包含的内涵碳排放进行区分的现实意义不大。因为没有商品的进出口，不存在消费侧与生产侧的国别问题，在哪国生产就在哪国消费，不论是生产侧还是消费侧的排放总量上是一致的。但如果放开封闭经济条件，站在开放市场的角度重新审视二氧化碳排放问题，则区分生产侧排放与消费侧排放就显得比较重要。首先，从排放责任上看，总需求决定总供给，商品最终消费国应该对商品的内涵碳排放负责，换句话说，碳排放的外部性责任完全由生产侧来承担，可能导致更多的碳泄漏。其次，从优化贸易结构上看，合理测算对外贸易中的内涵碳出口，可以区分中国的二氧化碳排放哪些是由外需引起，哪些是由内需引起，并通过碳足迹反推商品生产过程中的部门排放责任，有利于从低碳视角优化贸易结构。最后，现阶段中国对外贸易有两个比较明显的特点，一方面由于主要承担生产与加工环节，每件商品的附加值低，利润空间较小，另一方面，出口量巨大，生产与加工过程中大量消耗了本国资源并排放二氧化碳，因此，从效率角度，有必要对中国对外贸易中单位价值商品包含的二氧化碳排放进行测算。

本章接下来的结构安排如下：

第二节将对研究方法进行说明。主要介绍基于投入产出表测算内涵碳的方法，包括直接排放系数与间接排放系数、生产与消费侧的排放核算、对再出口排放进行修正，等等。

第三节将对中国对外贸易中的内涵碳排放进行测算。首先对投入产出表数据以及排放系数数据进行处理与介绍。之后测算不同部门的二氧化碳直接排放系数与内涵排放系数，并对二者进行比较研究。接着对 2005 年与 2007 年中国生产侧、消费侧以及进口与出口的内碳排放进行核算。最后探讨电力部门对内涵碳排放的贡献。

第四节将针对中国贸易结构展开讨论。分别从各部门的贸易额特征，以及与贸易相关的内涵碳进出口特征进行分析，同时分析了中国再出口产品的内涵碳转移问题以及与贸易相关的内涵碳强度问题。

第五节是本章小结。

第二节　内涵碳排放的研究方法

一　投入产出分析法

二氧化碳排放总量可以分两个角度考虑。一个是从生产侧的产业部门角度考虑，将经济运行的每个环节直接产生的二氧化碳排放加总，以计算总排放。另一个是从消费侧的最终产品角度考虑，即对每个产品的内涵排放进行加总。前者属于部门加总，后者属于产品加总。低碳视角研究中国对外贸易结构，需要测算上游生产过程对最终出口商品的间接影响。虽然国际贸易的本质是国际产业分工差异，但是贸易的对象仍是最终产品，国际分工与生产过程是无法贸易的，进行流通的是最终产品，而二氧化碳排放是内涵在商品中流动的。因此低碳视角研究中国对外贸易结构，必须按最终产品角度计算二氧化碳排放。产品在生命周期经过了许多的环节，每个生产链的环节都伴随着能源消费与二氧化碳排放，既包括最终环节的直接排放，也包括上游环节的间接排放。为对每一环节的二氧化碳排放进行合理计算，本章将基于投入产出分析法通过产品生命周期来追踪碳足迹，从而核算隐含于最终产品的内涵碳排放。OECD（2003），Sánchez - Chóliz 和 Duarte（2004）同样认为投入产出分析法适合计算内涵碳排放。投入产出表系统地反映国民经济各部门之间价值形式相互传递的数量关系，它采用矩阵的形式清晰的描绘了某一部门的产出作为其他部门的中间投入的产业链关系。投入产出表是投入产出分析法的数据基础。

假设一个包含 n 个部门的经济，其经济关系可以用以下方程表示：

$$x = Ax + y \qquad (7-1)$$

x 表示整个经济的总产出，为一个列向量。总产出按用途分为两个部分，一个作为其他部门的中间投入部分，用 Ax 表示，另一个是最终需求部分，用 y 表示。A 表示直接消耗系数矩阵。其元素 $A_{ij} = X_{ij}/x_j$ 代表一个单位 j 部门的产出所需要消耗的来自 i 部门中间投入的数量。最终需求 y 包含了居民消费、政府消费、投资、存货变动以及净出口。本章后文将一直基于对最终需求的这一表述。

最终需求 y 和总产出 x 的关系可以进一步表示为：

$$x=(I-A)^{-1}y \tag{7-2}$$

$(I-A)^{-1}$称为里昂惕夫逆矩阵（Leontief Inverse Matrix）。其元素 α_{ij}表示为制造一单位 j 部门最终需求的产品需要 i 部门对其进行所有中间投入总量，包括直接的与间接的投入。假设生产一单位最终需求商品，比如汽车。直接投入包括制造汽车的直接上游产品，如平板玻璃、钢板、轮胎以及加工所用的电力，等等。而间接投入则表示处于这些直接上游产品生产链上端的其他产品，如生产钢板的铁矿、生产轮胎的橡胶以及加工所用电力，等等。因此，如果计算制造一单位汽车所需要电力部门所有中间投入总量，则必须把为生产该汽车每一个上游环节所使用的电力中间投入统统加总。

基于投入产出表分析二氧化碳排放需要重点区分直接碳排放与内涵碳排放。直接碳排放需要通过 c^d 表示，c^d 是一个行向量，向量的每一个元素 c_j^d 表示 j 部门生产每一单位的产品 x_j 所直接产生的二氧化碳排放量。以生产侧计算的国内总排放等于所有部门的直接排放加总，即：$C^d=c^dx$。

通过里昂惕夫逆矩阵的转化，可以得到以下表达式：

$$C^d=c^dx=c^d(I-A)^{-1}y=E^dy \tag{7-3}$$

E^d 也是一个行向量，其每一个元素 $E_j{}^d$ 表示 j 部门单位最终产品 y_j 的内涵碳排放。换句话说，$E_j{}^d$ 表示为了生产一单位最终产品，在所有国民经济生产环节中产生的直接排放与间接排放之和。$E_j{}^d$和 c_j^d 之间的关系可以表示为：

$$E_j{}^d= c_1^d\alpha_{1j}+ c_2^d\alpha_{2j}+\cdots+ c_n^d\alpha_{nj} \tag{7-4}$$

$c_j^dx_j$ 代表了生产一单位产出 x_j 的直接排放，而 $E_j{}^dy_j$则代表了生产一单位最终产品 y_j 的所有排放，或包涵于最终产品 y_j 的内涵碳排放。直接碳排放与内涵碳排放之间的相互转换，是核算内涵于对外贸易商品的二氧化碳排放的基础（Sánchez-Chóliz 和 Duarte，2004；OECD，2003）。

采用产品生命周期方法追踪碳足迹，可以根据生产国与消费国的不同，将内涵碳排放分成四类（OECD，2003；Chung，2005）（见图7－1）。

类别Ⅰ代表的是由本国生产并在本国消费的产品的内涵碳排放；类别Ⅱ代表的是在本国生产但是在外国消费的产品的内涵碳排放；类别Ⅲ是指由外国生产但在本国消费的产品的内涵碳排放，进口的产品一部分作为中间投入进入国内的生产链环节，经过再生产加工后作为最终产品在本国消费，另一部分直接作为最终产品被消费；类别Ⅳ是指在外国生产，之后在外国消费的产品的内涵碳，这部分产品是指进口的中间投入品进入国内生产链环节，经过再生产加工后又再一次被出口，最终被外国消费的产品。换句话说，外国生产的产品进入国内后被分三类，第一类是直接被消费的最终商品，第二类是进口的中间投入品，但经过国内加工后还留在国内消费，第三类也是进口的中间投入品，但经过国内加工后再出口被外国消费。前两类产品的内涵碳排放属于类别Ⅲ，最后一类产品的内涵碳排放属于类别Ⅳ。

	本国消费	外国消费
本国生产	Ⅰ	Ⅱ
外国生产	Ⅲ	Ⅳ

图7－1 内涵碳排放的四种类别

内涵碳按产品归属地标准进行划分之后，经过简单计算可以重新按生产侧、消费侧以及进口与出口来进行划分：

国内生产侧的碳排放（EEP）：Ⅰ＋Ⅱ。

国内消费侧的碳排放（EEC）：Ⅰ＋Ⅲ。

出口产品的内涵碳排放（EEE）：Ⅱ＋Ⅳ。

进口产品的内涵碳排放（EEI）：Ⅲ + Ⅳ。

贸易净内涵碳排放（EEB）：（Ⅱ + Ⅳ） - （Ⅲ + Ⅳ）。

二 关于再出口内涵碳排放的修正

需要注意的是，从 EEB 的计算公式看，出口产品内涵碳排放（EEE）中的Ⅳ部分与进口产品的内涵碳排放（EEI）的Ⅳ部分，并没有被相抵消。这是因为有关Ⅳ部分，即再出口内涵碳排放，在 EEE 与 EEI 中所代表的部门是有区别的。用整个生产链的视角观察Ⅳ部分，在进口时，进口的中间产品被作为国内生产的中间投入，而在经过生产链的再加工之后，在出口时，这部分内涵碳归属于最终产品部门。尽管说，在整个过程中，这一部分内涵碳的数量并没有发生改变（因为Ⅳ部分仅计算了外国生产环节），但是经过再加工之后，中间产品变为最终产品，内涵碳的归属部门被重置①。在进口时，Ⅳ部分属于中间投入部门，称之为Ⅳ部分的投入形态，而出口时，Ⅳ部分转移至最终产品部门，称之为Ⅳ部分的产出形态。

标准的投入产出表没有区分进口产品中用于中间投入部分和直接最终需求部分，故没有足够的信息用来估计再出口内涵碳。因此，需要对直接消耗系数矩阵 A 进行修正，将其按国内产品与进口产品进行拆分（United Nations，1993）。

$$A^m = MA \tag{7-5}$$

$$A^d = (I - M)A \tag{7-6}$$

A^m 表示进口中间投入品的直接消耗系数矩阵，A^d 表示国内中间投入品的直接消耗系数矩阵。M 是进口系数矩阵，为对角矩阵，代表直接消耗系数中的进口比例，其对角线元素 mii 可以

① 以进口塑料用于生产电视机为例。无论是中间产品还是最终产品，进口塑料内涵碳排放并不会改变。这部分内涵碳在进口时属于塑料部门，而在国内再加工之后，被用于生产电视机，因此在出口时属于电视机部门。

表示为:

$$mii = x_i^m / (xi + x_i^m - zi)(i = 1, 2, \cdots n)；当 i \neq j，mij = 0 \quad (7-7)$$

x_i^m、xi 与 zi 分别表示 i 部门的进口、总产出与出口。关于进口系数 M 有如下一致性假定，即部门 i 对于所有其他部门 j 的投入中进口中间投入的比例是一致的（陈迎等，2008；Weber 等，2008）。

一国的进口产品按用途可以分解为两部分，一部分是用于生产的中间投入，另一部分作为最终产品直接消费使用。具体的形式可用从以下两方面来表示（Sánchez - Chóliz 和 Duarte，2004）:

$$x^m = A^m x + y^m = A^m (I - A)^{-1} y + y^m \quad (7-8)$$

x^m 代表所有进口产品。$A^m x$ 代表进口产品中的中间投入部分。y^m 表示最终产品部分。$A^m (I - A)^{-1} y$ 是中间投入 $A^m x$ 经过国内再加工后的最终产品形态，二者总量一致，但归属的部门不同。$A^m (I - A)^{-1} y$ 可以按消费国不同分为在国内消费部分 I^d 与再出口部分 I^e。

同其他学者的研究类似（Weber 等，2008；Sánchez - Chóliz 和 Duarte，2004），本章在估计国外内涵排放系数时也采用 EAI（Emissions Avoided by Imports）假设，即考虑到进口产品替代了本国生产，减少本国排放，所以假设进口产品的内涵排放系数也本国相同，为 E^d。这样，进口产品 x^m 的内涵碳排放可以表示为:

$$E^d x^m = E^d A^m x + E^d y^m = E^d I^e + E^d (I^d + y^m) \quad (7-9)$$

$$E^d A^m x = E^d A^m (I - A)^{-1} y = E^m y \quad (7-10)$$

$$E^m z = E^d A^m (I - A)^{-1} z = E^d A^m x^z = E^d I^e \quad (7-11)$$

其中，E^m 表示行向量，其每个元素表示进口中间投入品在国内进行再加工后，转移到单位最终产品中的内涵碳排放。

再出口内涵碳排放等于 $E^m z$ 或 $E^d A^m (I-A)^{-1} z$，其中 $E^m z$ 是Ⅳ部分的产出形态，而 $E^d A^m (I-A)^{-1} z$ 或 $E^d I^e$ 是Ⅳ部分的投入形态。

三 对外贸易的二氧化碳排放核算

通过矩阵的计算，图 7－1 提到的四类内涵碳排放都可以被核算。

$$E^d y = E^d (y-z) + E^d z \tag{7-12}$$

$E^d y$ 表示国内生产侧的碳排放，即 EEP。$E^d (y-z)$ 代表第Ⅰ类内涵碳，即本国生产本国消费的产品内涵碳排放，其中 z 表示出口。$E^d z$ 代表第Ⅱ类内涵碳，即本国生产外国消费的产品内涵碳排放。

与第Ⅳ类内涵碳类似，第Ⅲ类内涵碳也有投入形态与产出形态的区别，即进口时作为中间投入归属中间投入部门，经过国内再加工后，作为最终产品转移至最终产品部门。第Ⅲ类内涵碳在进口产品的内涵碳排放（EEI）核算时，应采用投入形态，即 $E^d A^m x - E^d A^m x^z + E^d y^m$ 或 $E^d (I^d + y^m)$。而在出口产品的内涵碳排放（EEE）核算时，应采用产出形态，即 $(E^m y - E^m z) + E^d y^m$。

综上所述，国内生产侧的碳排放（EEP）等于第Ⅰ类内涵碳与第Ⅱ类内涵碳之和，用 $E^d y$ 来表示。国内消费侧的碳排放（EEC）等于第Ⅰ类内涵碳与第Ⅲ类内涵碳之和，EEC 用 $E^d (y-z) + E^m (y-z) + E^d y^m$ 来表示（其中第Ⅲ类内涵碳应采用产出形态）。出口产品的内涵碳排放（EEE）等于第Ⅱ类内涵碳与第Ⅳ类内涵碳之和，用 $E^d z + E^m z$ 来表示。进口产品的内涵碳排放（EEI）等于第Ⅲ类内涵碳与第Ⅳ类内涵碳之和，用 $E^d I^e + E^d (I^d + y^m)$ 或 $E^d x^m$ 表示。贸易净内涵碳排放（EEB）等于出口产品的内涵碳排放（EEE）与进口产品的内涵碳排放（EEI）之差，用 $(E^d z + E^m z) - (E^d x^m)$ 来表示。EEB 同样等于国内生产侧的碳排放

（EEP）与国内消费侧的碳排放（EEC）之差。EEB 与它们之间的关系可以表示为：

$$EEB = EEE - EEI = EEP - EEC \qquad (7-13)$$

若贸易净内涵碳排放（EEB）是正数，表示本国出口产品中的内涵碳高于进口产品，这意味着那些由本国生产的隐含着二氧化碳排放的产品并没有全部在本国消费，在内涵碳的贸易中存在顺差。若贸易净内涵碳排放（EEB）是负数，说明本国进口产品中的内涵碳高于出口产品，本国消费了外国生产的隐含着二氧化碳排放的产品，而减少了本国排放，在内涵碳的贸易中存在逆差。

除了所有部门的内涵碳排放总量计算，以上方法还可以对不同产业不同产品的贸易净内涵碳排放进行核算，从而进一步获得与对外贸易结构相关的结论。

第三节　对外贸易中的内涵碳排放计算

一　数据处理

（一）投入产出表数据

中国的投入产出表编制周期一般为五年，同时隔两年会出一张延长表。本章研究将基于 2005 年中国投入产出表延长表与 2007 年中国投入产出表。

根据《中国统计年鉴 2008》，2005 年中国投入产出表延长表共包含 17 个部门，考虑到房地产、金融等部门对排放影响较小，因此对其进行合并，采用 15 部门投入产出表进行分析。为了保证口径一致，2007 年中国投入产出表的 42 个部门也合并为 15 部门，并且 2007 年投入产出表中数据用 GDP 平减指数折成 2005 年价格（见表 7－1）。

表 7 - 1　　各部门的投入产出主要数据　　单位：亿元

部门	2005 年				2007 年			
	最终需求	总出口	总进口	总产出	最终需求	总出口	总进口	总产出
农业	12137	600	1722	39357	13021	596	2083	43758
采掘业	-5978	793	6275	19470	-8585	573	9253	26116
食品制造业	14641	1568	965	25878	17655	1711	1415	37401
纺织品制造业	13785	9896	2049	28082	16803	12430	1277	38725
其他制造业	3943	4258	2110	21841	6948	5397	2443	32645
电热水生产业	2358	55	22	19418	1308	58	16	29234
炼焦石油加工业	-648	705	1360	13364	-344	687	1298	19853
化学工业	-1010	5134	7545	40032	386	6478	8149	55487
非金属矿物品业	2258	903	292	15360	782	1328	338	20409
金属产品制造业	561	4794	4237	42066	3016	7799	4390	70525
机械设备制造业	33928	28877	28455	90886	45802	36210	30170	130388
建筑业	39020	212	133	42564	54344	366	198	56134
运输邮电业	8007	3161	982	35061	10582	4008	1345	38002
批发零售餐饮业	12237	4985	976	34090	18283	4246	468	39064
其他服务业	51017	2552	2275	79294	58099	3620	3403	95114

资料来源：国家统计局《中国投入产出表 2005》、《中国投入产出表 2007》。

注：所有数据已经调整至 2005 年不变价格。

从 2005 年与 2007 年不同部门总产出，最终需求以及进口与出口的数据，可以看出以下几个明显特征。

第一，2005 年采掘业、炼焦石油加工业与化学工业的最终需求小于零，表明国内经济增长对这些部门产品中间投入的需求巨大，这些部门的国内总产出无法满足这部分需要。为了获得足够的中间产品以保证国民经济运行，需要大量进口。2007 年，最终需求为负的产业只剩下采掘业和炼焦石油加工业，但采掘业的缺口较2005年有大幅度增加，同时采掘业的进口明显增长，表明城市化与工业化进程对资源类或能源类产品的需求巨大。

第二，纺织品制造业、金属产品制造业、其他制造业与机械设备制造业的出口增长较快，同时贸易顺差增大，表明中国主要出口商品结构为服装、金属制品以及机械产品。作为世界工厂，中国为国际市场提供大量制造业产品。

第三，电力、热力与水的生产与供应业几乎没有进出口，表明电力的直接贸易额非常小，但几乎所有制造业都消耗电力，在其他制造业商品出口的同时，肯定内涵了大量电力的出口，尽管在这一张表上暂时无法反映出这一特点，但后文会对该问题进行着重分析。

第四，与2005年相比，几乎所有部门2007年的总产出与总出口都在增加，只有采掘业的出口下降。从2007年总产出增幅来看，农业、采掘业、建筑业以及三个服务业的增幅较小，而工业普遍增幅较大。

根据表7-1投入产出表中有关进出口的数据，可以估计出进口系数矩阵 M。通过 M 再对直接消耗系数矩阵进行分解，并计算进口产品中用于中间投入的部分和用于最终需求的部分（见表7-2）。

表7-2　进口产品中用于中间投入或最终需求的部分　单位：亿元

部门	2005年		2007年	
	用于国内中间投入的进口	用于国内最终需求的进口	用于国内中间投入的进口	用于国内最终需求的进口
农　业	1158	564	1415	668
采掘业	6400	-125	9228	25
食品制造业	429	536	753	662
纺织品制造业	1448	601	1015	262
其他制造业	1917	192	2114	329

续表

部门	2005 年		2007 年	
	用于国内中间投入的进口	用于国内最终需求的进口	用于国内中间投入的进口	用于国内最终需求的进口
电热水生产业	19	3	15	1
炼焦石油加工业	1359	1	1281	17
化学工业	7296	249	7856	293
非金属矿物品业	259	33	341	-4
金属产品制造业	4236	0	4416	-26
机械设备制造业	17916	10539	20523	9647
建筑业	11	122	6	192
运输邮电业	808	174	1044	301
批发零售餐饮业	709	267	276	193
其他服务业	814	1461	1327	2075

从表 7-2 可以看出，几乎所有行业的进口产品大多用于国内的中间投入，只有其他服务业的进口产品主要用于国内最终需求。而作为中间投入的进口产品又有一部分会经过国内生产链的再加工，又出口到国外，即再出口部分。

（二）二氧化碳排放数据

根据《中国能源统计年鉴 2006》与《中国能源统计年鉴 2008》，可以得到 2005 年与 2007 年分部门不同种类能源消费量。同时，采用政府间气候变化专门委员会（IPCC）提供的估算方法与不同种类能源的二氧化碳排放系数，计算了 2005 年与 2007 年各部门与能源相关的直接二氧化碳排放。

但是在计算二氧化碳直接排放系数 c_j^d 时，本章考虑到现阶段经济增长特征，钢铁与水泥的大量生产与消费将对二氧化碳直接排放系数的核算产生一些偏差，因此有必要对这两个行业的排放进行修正。第一，中国是焦炭生产和出口的大国，焦炭产量占到全球的70%，焦炭出口占到全球的一半（Yu，2008）。焦炭在生产过程中虽然使用煤炭，但在炼焦过程中煤炭并没有完全燃烧，也就没有完全排放二氧化碳，而是将焦炭作为中间投入产品传递到钢铁等冶金部门，因此应该将炼焦石油加工业的一部分原煤排放转移到金属产品制造业。第二，中国同样是水泥生产与消费大国，2010 年水泥消费量超过全球一半。水泥熟料的生产过程中除了燃料以外还会产生大量的二氧化碳，按荷兰环境评估局（PBL）对中国二氧化碳排放的估计，2006 年中国水泥工业占据了全国二氧化碳排放的 9%（约 5.5 亿吨），因此有必要将水泥生产中的二氧化碳排放加以计算，并归入非金属矿物品业。中国的城市化与工业化进程离不开大量的基础设施的建设，需要大量的钢铁与水泥，因此做出这两处修正，正是为了与中国经济增长目前所处的发展阶段相适应。

二　各部门的排放系数

通过对排放数据的修正，计算了 2005 年与 2007 年各部门的直接排放系数 c_j^d 与内涵排放系数 E_j^d。c_j^d 反映了中国不同部门在国内生产一单位产出的直接排放，用吨二氧化碳每单位产出来计算。以 2005 年为例，由于以煤为主的电力供应体系，电力、热力与水的生产与供应业的直接排放系数最大，2005 年每万元产出排放 10.511 吨二氧化碳。而非金属矿物品业与金属产品业的直接排放系数分别居第二和第三，分别为 5.786 吨二氧化碳每万元产出和 2.186 吨二氧化碳每万元产出。这两个部门如此高的直接排放系数与中国目前对水泥和钢铁的巨大需求直接相关。而机械设备制造业与建筑业的直接排放系数仅为 0.069 吨二氧化碳每万元产出，位于 15 个部门的最后两位。

但采用产品生命周期的碳足迹方法测算每单位最终产品的内涵碳排放时，机械设备制造业与建筑业的排放系数变化十分明显。E_j^d 反映一单位最终产品在生产过程中直接和间接排放的二氧化碳总量，即包含了为生产一单位最终产品所有中间环节所产生的二氧化碳，用吨二氧化碳每单位产品来计算。由于包含的生产环节更多，E_j^d 要比 c_j^d 放大若干倍。一般来说，上游部门的放大倍数小，如采掘业、电力、热力与水的生产与供应业，而下游部门的放倍数大，如机械设备制造业。机械设备制造业与建筑业的内涵排放系数分别为 3.704 吨二氧化碳每万元产品与 4.337 吨

表 7－3　　直接排放系数与内涵排放系数

单位：吨二氧化碳/万元

部门	2005 年		2007 年	
	直接排放系数	内涵排放系数	直接排放系数	内涵排放系数
农　业	0.274（9）	1.424（15）	0.252（8）	1.313（15）
采掘业	1.521（4）	4.718（5）	1.380（4）	4.373（6）
食品制造业	0.222（10）	1.787（13）	0.162（10）	1.685（12）
纺织品制造业	0.182（11）	2.372（11）	0.145（11）	2.295（11）
其他制造业	0.314（8）	2.873（10）	0.231（9）	2.605（10）
电热水生产业	10.511（1）	13.898（1）	8.639（1）	15.373（1）
炼焦石油加工业	1.472（5）	5.333（4）	1.228（5）	4.948（4）
化学工业	0.738（7）	4.453（6）	0.598（7）	4.262（7）
非金属矿物品业	5.786（2）	10.033（2）	5.130（2）	9.568（2）
金属产品制造业	2.186（3）	6.984（3）	1.651（3）	6.119（3）
机械设备制造业	0.069（14）	3.704（8）	0.048（15）	3.423（8）
建筑业	0.069（15）	4.337（7）	0.056（14）	4.558（5）
运输邮电业	0.906（6）	3.145（9）	1.040（6）	2.897（9）
批发零售餐饮业	0.129（12）	1.731（14）	0.129（12）	1.392（14）
其他服务业	0.103（13）	1.840（11）	0.081（13）	1.490（13）

注：直接排放系数的单位是吨二氧化碳每万元产出，内涵排放系数的单位是吨二氧化碳每万元产品。括号内表示排名。

二氧化碳每万元产品，较直接排放系数分别放大了 54 与 63 倍。这说明了这两个部门的最终产品（如电子设备与基础设施）的产品生命周期的环节比较多，碳足迹比较长，分别从它们的上游部门积累了大量的二氧化碳排放。

对比 2005 年与 2007 年的直接排放系数 c_j^d，可以看到，几乎所有部门的直接排放系数都得到了改善，说明在国家节能减排政策引导以及能源强度目标约束下，二氧化碳排放系数明显下降。以电力、热力与水的生产与供应业为例，尽管该部门仍居直接排放系数的首位，但单位产出的二氧化碳排放已经下降了 17.8%，2007 年直接排放系数为 8.639 吨二氧化碳每万元产出。这与第四章研究得到的 2007 年碳强度较 2005 年明显改善的结论是一致的。同样，大多数部门的内涵排放系数 E_j^d 也得到了改善。但是电力、热力与水的生产与供应业的内涵排放系数却较 2005 年有所上升，与直接排放系数的下降形成较大反差。这主要是由于随着中国经济增长，近些年中国电力需求不断上涨，2005 年装机容量为 5.2 亿千瓦，到 2007 年增长至 7.2 亿千瓦，上涨幅度接近 40%。从生产链角度看，大规模的电力投资与建设，必然造成电力企业每一单位最终产品所内含的上游排放大幅增长，因此，尽管电力行业的直接排放系数在下降，但电力产品的内涵排放系数却在上升。

2007 年较 2005 年直接排放系数与内涵排放系数的改善程度是有所差异的，几乎所有部门直接排放系数的改善程度都要优于内涵排放系数的改善程度。如纺织品制造业直接排放系数改善了 20.2%，而内涵排放系数仅改善了 3.2%。再如机械设备制造业直接排放系数改善了 30.0%，而内涵排放系数的改善幅度只有 7.6%。为什么几乎每个部门的单位产出排放的二氧化碳都显著下降，但隐含于产品本身的内涵排放下降的幅度却较小呢？或者说，是什么因素抵消了直接排放系数改善对内涵排放系数的贡献呢？

进一步从内涵排放系数与直接排放系数的数量关系式（7－4）分析，可以看到，2007 年较 2005 年完全消耗系数矩阵的元素 α_{ij}增大是造成以上问题的主要原因，即制造一单位 j 部门最终需求产品需要 i 部门对其进行所有中间投入的总量增大了。以纺织品制造业为例，2005 年生产一单位最终产品需要的中间投入为 3.32 个单位，而到 2007 年这一数量增长到 3.58 个单位。尽管每一道生产工序的直接排放系数几乎都下降了，但中间投入消耗量增加，导致最终产品的内涵排放系数改善程度受影响。

根据投入产出表的编制方法，总投入分成两块，一块是中间投入，一块是增加值。中间投入与总产出的比重称为中间投入率。中间投入率变大，意味着生产一单位最终需求的中间投入量增加。根据历年的投入产出表计算中间投入率，1987 年为 0.56，1992 年为 0.61，1997 年为 0.62，2002 年为 0.64，2005 年为 0.66，2007 年为 0.68。从表面上看，中间投入率上升，意味着增加值（反映在投入产出表中在数量上等于最终需求）占总产出的比重下降。这种下降是否意味着整体经济效益在下降呢？李善同和翟凡（1996）认为，中间投入率上升的主要原因有两点：第一，产业结构升级，生产的再加工程度深化所引致的最终产品生产中的中间产品对初级产品的替代程度的增加，促使社会生产中中间产品的使用大量增加；第二，技术进步，由于技术水平的提高导致了资本、技术对劳动力的替代程度增加，同时机械化程度提高需要更多的本部门以外的中间制成品的投入。因此，历年中国中间投入率的不断提高说明了社会分工的专业化，是现阶段中国产业升级与技术进步的体现。但尽管如此，专业化的分工对中间投入需求的增加，在很大程度上抵消了各部门直接排放系数改进的贡献。换句话说，增加对中间投入的使用，体现了经济发展与社会分工的进步，但因此增加了生产链环节，从而增加碳足迹的积累，造成最终产品的内涵碳增加。

三　中国内涵碳排放总量核算

通过计算，2005 年中国国内生产侧的碳排放（EEP）为 54.6 亿吨二氧化碳，国内消费侧的碳排放（EEC）为 44.3 亿吨二氧化碳。2007 年国内生产侧的碳排放（EEP）为 65.9 亿吨二氧化碳，国内消费侧的碳排放（EEC）为 51.4 亿吨二氧化碳（见表 7－4）。生产侧超过消费侧的二氧化碳排放占 EEP 的比重，2005 年为 18.7%，2007 年为 22.0%。表明中国生产侧约五分之一的内涵碳向国外输出，并且 2007 年的趋势要大于 2005 年，这与近年中国进一步融入全球贸易的趋势相同。

从进口与出口产品内涵碳排放结果上看，2005 年中国出口产品的内涵碳排放（EEE）为 33.6 亿吨二氧化碳，进口产品的内涵碳排放（EEI）为 23.3 亿吨。2007 年中国出口产品的内涵碳排放（EEE）为 38.5 亿吨二氧化碳，进口产品的内涵碳排放（EEI）为 24.0 亿吨。2005 年贸易净内涵碳排放（EEB）为 10.2 亿吨，而 2007 年为 14.5 亿吨，上涨幅度超过 40%（见表 7－4）。

表 7－4　　中国内涵碳排放总量核算

单位：亿吨二氧化碳

年份＼类别	EEP	EEC	EEE	EEI	EEB
2005	54.6	44.3	33.6	23.3	10.2
2007	65.9	51.4	38.5	24.0	14.5

四　电力行业对不同部门排放系数的贡献

从各部门的排放系数来看，有些部门尽管直接排放系数比较小，但其最终产品却具有非常高的内涵碳排放系数，比如机械设备制造业与建筑业。由于电力的直接排放系数最高，而且几乎每个产业都需要电力投入，因此直接排放系数与内涵排放系数的差异反映出这些部门的中间投入中可能包含了大量的电力（OCED，2003）。中国以煤为主的发电结构是导致中国电力二氧化碳排放系数较高的直接原因，Peters 和 Hertwich（2006）计算表明以水电为主的挪威电力行业二氧化碳排放系数不到中国的 0.5%。

图 7－2 显示了 2005 年电力行业对不同部门内涵碳排放的贡献程度。机械设备制造业的内涵碳排放中约 51.7% 直接或间接来自于生产链环节中的电力中间投入。而电力对采掘业的贡献也达到了 48.33%。总的来看，几乎所有部门的内涵排放系数都与电力有很大的关系。考虑到中国的对外贸易结构，伴随着机械设备制造业产品、纺织品等产品的大量出口，约 40% 的电力资源内涵在产品中被出口到国外，供外国消费。

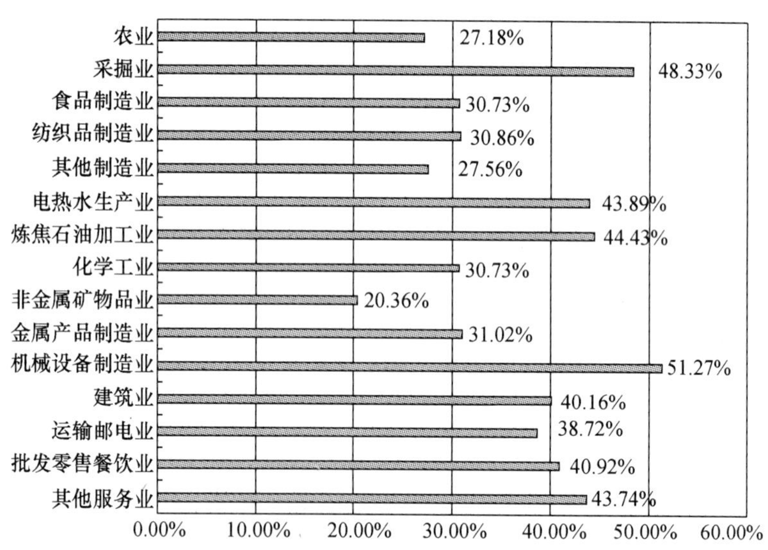

图 7－2　中国电力部门对其他部门内涵碳排放系数的贡献度

第四节　内涵碳对外贸易结构的变化趋势

一　各部门贸易额的变化

以2005年价格计算，中国2007年对外贸易出口总额为85507亿元，进口总额为66246亿元，实现贸易顺差19260亿元。2005年对外贸易出口总额为68493亿元，进口总额为59398亿元，贸易顺差9095亿元。

从不同部门的进出口情况看，2005年进口额最大的部门分别是机械设备制造业、化学工业、采掘业与金属产品制造业，出口额最大的部门分别是机械设备制造业、纺织品制造业与化学工业。实现贸易顺差的部门主要有纺织品制造业和批发零售餐饮业，而逆差较大的部门是采掘业与化学工业。因此，2005年中国的对外贸易结构情况大致具有以下几个特征：第一，机械设备制造业具有明显的"大进大出"的特点，该部门的进口与出口额分别占到所有部门进口与出口总额的48%与42%；第二，纺织品制造业是顺差最大的部门；第三，采掘业部门的贸易逆差最明显。

表7－5　　2005年与2007年各部门贸易额　　单位：亿元

部门	2005年			2007年		
	总出口	总进口	贸易差额	总出口	总进口	贸易差额
农　业	600	1722	－1122	596	2083	－1487
采掘业	793	6275	－5482	573	9253	－8680
食品制造业	1568	965	603	1711	1415	296
纺织品制造业	9896	2049	7847	12430	1277	11153
其他制造业	4258	2110	2148	5397	2443	2954

续表

部门	2005 年			2007 年		
	总出口	总进口	贸易差额	总出口	总进口	贸易差额
电热水生产业	55	22	33	58	16	42
炼焦石油加工业	705	1360	-655	687	1298	-611
化学工业	5134	7545	-2411	6478	8149	-1671
非金属矿物品业	903	292	611	1328	338	990
金属产品制造业	4794	4237	558	7799	4390	3409
机械设备制造业	28877	28455	422	36210	30170	6040
建筑业	212	133	80	366	198	168
运输邮电业	3161	982	2179	4008	1345	2663
批发零售餐饮业	4985	976	4008	4246	468	3777
其他服务业	2552	2275	277	3620	3403	217

注：按 2005 年不变价格计算。

2007 年进口额最大的部门与 2005 年大致相同，仍然是机械设备制造业、采掘业、化学工业与金属产品制造业，数量上除了采掘业进口额明显增大外，其他部门变化不大。出口额最大的部门较 2005 年增加了金属产品制造业，而且主要出口部门出口额的增量都比较明显。实现贸易顺差的部门主要有纺织品制造业和机械设备制造业，而贸易逆差较大的部门仍然是采掘业。2007 年除了基本保持了 2005 年的对外贸易结构特征以外，还具有以下几个新特征：第一，机械设备制造业不仅“大进大出”，而且顺差明显增大，达到所有部门贸易总顺差的 30%；第二，纺织品制造业出口较大，进口减小，顺差进一步增大；第三，采掘业的贸易逆差明显增大，反映了中国对资源类产品的外部需求程度提高。综合来讲，2007 年的中国对外贸易结构较 2005 年更能体现出现阶段中国经济运行的特点。

二　不同部门内涵碳进出口的变化

从内涵碳进出口的角度进一步对各部门的对外贸易情况进行分析（见表 7 – 6）。2005 年贸易净内涵碳顺差 10.2 亿吨二氧化碳。其中出口产品的内涵碳排放最大的部门是机械设备制造业、金属产品制造业、纺织品制造业和化学工业，与贸易出口结构大致相同。通过计算发现，这四个部门的出口贸易额占所有部门出口总额的比重为 71.1%，但内涵碳出口比重却更高达到 78.1%。进口内涵碳排放最大的部门是机械设备制造业、化学工业、采掘业与金属产品制造业。经过计算，这四个部门的进口贸易额占全国进口总额的比重为 78.3%，但内涵碳进口比重却达到 84.9%。这一结果表现出贸易中的内涵碳分布更加集中，与贸易额相比，主要的进出口产品内涵碳比重更大。

2007 年贸易净内涵碳顺差增加至 14.5 亿吨二氧化碳。进出口内涵碳较多的部门与 2005 年相同，但是结构比重的特点更加突出。机械设备制造业，金属产品制造业、纺织品制造业和化学工业，这四个部门的出口贸易额占全国出口总额的比重为 73.6%，但内涵碳出口比重却达到 80.2%。而机械设备制造业、化学工业、采掘业与金属产品制造业，这四个部门的进口贸易额占全国进口总额的比重为 78.4%，但内涵碳进口比重却达到 85.5%。与 2005 年相比，贸易结构与内涵碳进出口结构趋同的特点更加明显，同时内涵碳比重和贸易量比重之间的差距更大。

从贸易净内涵碳排放的部门分布情况，可以看到 2005 年内涵碳净流出的部门主要是机械设备制造业和纺织品制造业，分别流出 5.4 亿与 2.8 亿吨二氧化碳，而内涵碳净流入的部门是采掘业，流入二氧化碳 2.5 亿吨。2007 年内涵碳净流出的部门主要是机械设备制造业、纺织品制造业与金属产品制造业，分别流出 7.5 亿、3.5 亿与 3.1 亿吨二氧化碳，而内涵碳净流入的部门仍然是采掘业，流入二氧化碳 3.4 亿。因此，从贸易结构上看，机械设备制造业、纺织品制造业与金属产品制造业已经成为中国目前最大的内涵碳净出口部门，并且这一种趋势不断增强。而内涵碳净进口的部门大都是原材料部门或处于生产链上游的部门，如农业、采掘业以及炼焦石油加工业（化学工业由2005年的内涵碳净进口部门转变为2007年净出口部门）。同时这些内涵碳净进口的部门同时具有较大的贸易逆差。

表7-6　　2005年与2007年各部门内涵碳进出口量　　单位：万吨

部门	2005年			2007年		
	总出口	总进口	贸易差额	总出口	总进口	贸易差额
农　业	1106	2453	-1347	987	2737	-1749
采掘业	4456	29606	-25150	2947	40465	-37518
食品制造业	3630	1725	1905	3639	2385	1254
纺织品制造业	32471	4859	27612	37557	2931	34626
其他制造业	16422	6062	10360	18250	6365	11885
电热水生产业	835	302	533	949	247	701
炼焦石油加工业	4874	7253	-2379	4406	6422	-2016
化学工业	29994	33601	-3607	35598	34731	867
非金属矿物品业	10115	2930	7185	14029	3231	10798
金属产品制造业	40654	29590	11064	57486	26864	30621
机械设备制造业	158953	105387	53567	178004	103260	74744
建筑业	1167	575	592	2050	903	1147
运输邮电业	13045	3089	9956	14402	3897	10505
批发零售餐饮业	11500	1690	9809	7440	652	6788
其他服务业	6520	4187	2333	7221	5071	2150

综上，通过对不同部门内涵碳进出口的分析表明，现阶段基于产品的贸易体系背后，隐含着大量资源或内涵碳的国际流动。除了从国际分工结构角度理解贸易结构，还应该从产品内涵碳流

动的角度理解贸易结构。通过2005年与2007年出口对比，尽管绝对量上看，内涵碳排放系数较大的部门出口额都在上升，但从相对量上看，2007年这些行业的出口没有明显增加。而从净出口来说，内涵碳的贸易结构还有进一步改善的趋势。

三　内涵碳再出口问题的分析

由于考虑了再出口内涵碳排放问题，模型对EEE的计算更加复杂而且更加接近于现实情况。再出口内涵碳排放，即前文描述的第Ⅳ类内涵碳，表示外国生产外国消费的产品中的内涵碳。加工贸易在中国对外贸易总量中占据较高比重，根据中国海关总署提供的数据，2011年中国加工贸易总额为13052亿美元，占所有贸易总值的35.8%。同时加工贸易主要集中在机械设备制造业与纺织品制造业。针对加工贸易产品先进口再出口的特点，有必要着重对其进行再出口内涵碳排放的核算。

内涵碳随着中间产品在不同的部门流动，根据前文的推导，再出口内涵碳等于$E^m z$或$E^d A^m (I-A)^{-1} z$，其中$E^m z$是Ⅳ部分的产出形态，而$E^d A^m (I-A)^{-1} z$或$E^d I^e$是Ⅳ部分的投入形态。表7-7表示了2005年再出口内涵碳的核算结果。可以看出，再出口产品的内涵碳主要投入于机械设备制造业、金属产品制造业、化学工业与炼焦石油加工业，经过国内生产链加工生产之后，这一部分内涵碳被转移至最终产品，主要归属于机械设备制造业、纺织品制造业、化学工业与金属产品制造业。从差额来看，内涵碳转入的部门主要是机械设备制造业与纺织品制造业，这两个部门占到转移总量的88.4%，表明通过国内生产链，这两个部门的最终产品积累了其他中间投入的内涵碳，并随着最终产品被出口。2007年的核算结果大致同2005年相同，主要差异有两点：第一，与EEP、EEC与EEB等不同，2007年第Ⅳ类内涵碳即再出口内涵碳排放与2005年相比，没有明显的变大，2007年是9.5亿吨二氧化碳，2005年是9.1亿吨二氧化碳，这主要是由于

2005 年与 2007 年中国进口总额与进口产品的内涵碳总量比较接近，二者相差不大。第二，采掘业与炼焦石油加工业差额部分增多较明显，表明更多的进口资源类中间投入被转移到其他行业。

表 7-7　　再出口内涵碳在部门间的流动　　单位：万吨

部门	2005 年			2007 年		
	投入形态	产出形态	差额	投入形态	产出形态	差额
农　业	856	251	605	810	204	606
采掘业	3390	715	2675	4171	442	3729
食品制造业	453	827	-374	581	755	-174
纺织品制造业	3867	9000	-5133	3604	9027	-5423
其他制造业	3032	4187	-1154	3090	4188	-1099
电热水生产业	3888	68	3821	3042	53	2989
炼焦石油加工业	5450	1113	4336	7230	1006	6224
化学工业	11885	7130	4755	12774	7989	4784
非金属矿物品业	1214	1053	160	1377	1324	53
金属产品制造业	12880	7168	5712	15764	9761	6003
机械设备制造业	36516	52004	-15488	37684	54070	-16385
建筑业	333	246	87	168	382	-214
运输邮电业	3701	3102	600	2184	2790	-606
批发零售餐饮业	1691	2870	-1179	764	1530	-766
其他服务业	2401	1823	578	2106	1826	279

伴随再出口内涵碳排放流向生产链下游部门，特别是加工贸易部门的转移趋势，表明中国将提供更多的国内资源满足加工贸易的需求，因此“两头在外”的加工贸易方式在一定程度上导致了高耗能与高排放产业向中国转移。但 2007 年与 2005 年相比，从相对量上看，这种转移并没有明显加剧，表明节能减排政策对贸易结构的变化起到了一定积极作用。

四　与贸易相关的内涵碳强度计算

一般来说，碳强度用单位 GDP 二氧化碳排放来进行计算，表示生产出一单位的 GDP，将产生的二氧化碳排放数量。在对外贸易中，二氧化碳内涵于产品之中在国际流动，产品的贸易体现的是价值量的变动，而内涵碳的流动则体现的是二氧化碳的变动。因此，采用计算碳强度的类似方法，定义与贸易相关的内涵碳强度，如出口内涵碳强度等于单位出口额产品内涵碳排放，进口内涵碳强度等于单位进口额产品内涵碳排放，贸易净内涵碳强度等于单位贸易差额产品的内涵碳排放。按 2005 年中国投入产出表数据，2005 年中国的国内生产总值为 18.6 万亿元，内涵碳排放为 54.6 亿吨二氧化碳，内涵碳强度为 2.93 吨二氧化碳每万元。进口碳强度为 3.93 吨二氧化碳每万元，表明按照 EAI 的假设，进口每万元产品平均可以减少排放 3.92 吨二氧化碳。但出口内涵碳强度为 4.90 吨二氧化碳每万元，比单位 GDP 二氧化碳排放或进口内涵碳排放都高，说明出口产值里所内含的资源与能源比国内产值或进口产值要多。换句话说，即使中国直接向国外出口的资源或能源类产品比较少，但在生产出口产品的环节上消费了大量的国内资源或能源，最终这些资源或能源内涵于产品之中被出口到国外。2005 年贸易净内涵碳强度为 11.26 吨二氧化碳每万元，几乎是国内碳强度的 4 倍，表明中国已经成为世界上内涵资源与能源的主要出口国。相对于 2005 年的情况，2007 年各类与贸易相关的内涵碳强度都得到改善，国内内涵碳强度为 2.77 吨二氧化碳每万元，进口内涵碳强度为 3.63 吨二氧化碳每万元，出口内涵碳强度为 4.50 吨二氧化碳每万元，而贸易净内涵碳强度为 7.52 吨二氧化碳每万元（见表 7－8）。可以看出，贸易净内涵碳强度的改进幅度最大，反映出 2007 年在国家节能减排政策的引导与能源强度目标的约束下，与贸易相关的内涵碳强度得到较大的改善，单位贸易差额产品的内涵碳排放明显下降。

表 7-8　　与贸易相关的内涵碳强度

2005 年	GDP	EEE	EEI	EEB
价值量（亿元）	186256.1	68495.3	59398.5	9096.8
内涵碳排放量（万吨）	545791.9	335742.2	233309.0	102433.2
内涵碳强度（吨二氧化碳/万元）	2.93	4.90	3.93	11.26
2007 年	GDP	EEE	EEI	EEB
价值量（亿元）	238101.7	85506.5	66246.3	19260.2
内涵碳排放量（万吨）	659146.7	384965.2	240161.9	144803.3
内涵碳强度（吨二氧化碳/万元）	2.77	4.50	3.63	7.52

注：按 2005 年不变价格计算。

第五节　本章小结

改革开放以来，对外贸易对中国经济增长发挥着重要作用。目前，中国作为世界上最大的出口国与二氧化碳排放国，在为发达国家提供物美价廉的制造业产品的同时，却大量消费着本国的资源或能源，并且承担着二氧化碳排放责任。特别是加工贸易的部门，尽管单位产品附加值小，但由于贸易量巨大，在加工生产环节排放的二氧化碳量不可低估。因此，本章从低碳视角，采用核算内涵碳的方法对中国目前的贸易结构进行研究。

内涵碳是指产品在整个生命周期里直接和间接排放的二氧化碳总和，适用于从消费侧计算某国消费的产品中内涵的二氧化碳排放。

根据生产国与消费国的不同，本章将内涵碳排放分成四类，并着重讨论了再出口产品中的内涵碳排放。在数据处理上，本章根据现阶段城市化与工业化对基础设施建设原材料（水泥和钢铁）需求量较大的特点，对水泥与钢铁部门的二氧化碳排放量进行了修正。

基于2005年和2007年中国投入产出表与历年《中国能源统计年鉴》，本章采用投入产出分析法通过产品生命周期来追踪碳足迹，核算了中国各部门的内涵碳排放系数、进出口产品的内涵碳排放、再出口产品的内涵碳部门间转移量以及与贸易相关的碳强度，等等。

本章得到以下主要结论：

（1）中国基于消费侧的二氧化碳排放大约是生产侧的80%，有20%左右的内涵碳随着产品净输出至国外。

（2）由于国家对节能减排的重视，2007年较2005年几乎所有部门的直接排放系数与内涵排放系数都得到改善，但由于中间投入率的增高，增加了碳足迹在生产环节中的积累，在一定程度上抵消了直接排放系数的改善对内涵排放系数的贡献。

（3）以煤为主的电力结构导致了中国电力部门二氧化碳排放系数很高，且对其他部门特别是下游制造业部门的内涵排放系数贡献很大。因此，改善电力部门二氧化碳排放系数具有非常重要的意义。

（4）目前中国的对外贸易结构导致了大量内涵碳输出，以加工贸易为主的机械设备制造业和纺织品制造业是内涵碳净流出的主要部门，而内涵碳净进口的部门则大多是原材料部门或处于生产链上游的部门，采掘业的内含碳净流入量最大。

（5）再出口产品内涵碳在部门间流转，从采掘业与炼焦石油加工业等上游部门，转移至机械设备制造业和纺织品制造业部门。

（6）单位出口产值所内含的资源与能源比单位国内产值或单位进口产值要多，中国是世界上内涵资源与能源的主要出口国。

第八章　保证经济增长前提下完成碳减排目标的路径选择

第一节　碳减排目标以保证经济增长为前提

从 1978 年改革开放至 2000 年，中国二氧化碳排放量仅上升了 2.1 倍，平均每年以 3.8% 的速度增加，排放增长的速度小于同期经济增长的速度。从 2000 年开始，工业化与城市化进程加快，能源需求的增加直接导致了二氧化碳排放量的大幅度上涨，平均每年达到 10.2% 增速。2009 年中国政府提出到 2020 年单位国内生产总值二氧化碳排放（即碳强度）比 2005 年下降 40% 至 45%。2011 年 3 月中国政府发布的“十二五”规划纲要中对 2015 年的碳强度目标也做了明确的要求，即 2015 年碳强度较 2010 年下降 17%，同能源强度指标一样，该指标具有很强的约束性。

中国作为最大的发展中国家，城市化与工业化阶段还没有完成，未来至 2020 年，是中国跨越“中等收入陷阱”的重要时期，中国的经济增长不能被中断。但是无可争议的排放增量，加上全球最大的人口基数，以及中国未来人均排放还将继续上涨的事实，使得中国的二氧化碳排放问题成为当前国际社会应对气候变化关注的焦点。中国已经超过美国，成为全球最大的二氧化碳排放国，同时中国 2000—2010 年的排放增量占同期全球二氧化碳排放增量一半，面对二氧化碳减排问题，中国首当其冲。

尽管中国二氧化碳排放量的增长与能源消费量的增加有着很强的相关性，由于能源消费，特别是化石能源消费引起的二氧化碳排放是中国排放增量中的最主要部分。但揭开表面看本质，中国二氧化碳排放量问题不能简单地把化石能源消费增长作为二氧化碳排放快速上升的根本原因，而应该通过挖掘，发现隐藏在深层的客观规律与驱动因素。

正如前文分析，中国的二氧化碳减排不能对经济增长构成严重阻碍，碳强度目标是适合现阶段经济发展要求的碳减排指标，它同时兼顾到了经济增长与二氧化碳减排。现阶段中国经济增长以城市化与工业化为特征，第五章基于此特征，采用城市化、产业结构与能源效率作为解释变量对中国经济和全要素生产率的变化进行了研究。但如何保证在经济增长的前提下完成碳强度目标，需要对目前经济发展模式和能源政策进行战略性的思考。本章拟继续从中国经济增长的阶段性特点，基于 Kaya 恒等式（Kaya，1989），通过目标分解，深入探讨现阶段二氧化碳增长的驱动因素，在保证经济增长前提下，对完成碳减排目标的路径进行选择。

本章接下来的结构安排如下：

第二节将对研究方法进行说明。主要是 Kaya 恒等式（Kaya，1989），并对其采用对数平均迪式指数（Logarithmic Mean Divisia Index，LMDI）分解法进行描述，接着对“十一五”的二氧化碳排放增量进行分解，分析其影响因素。

第三节将对 2020 年中国的二氧化碳排放量进行估算。首先根据其他学者文献的研究结论，对未来的增长情景进行设定。之后预测 2020 年二氧化碳排放量。接着就驱动因素对二氧化碳的影响进行敏感性分析，着重讨论城市化、产业结构以及能源效率变动对二氧化碳减排的影响。然后对驱动因素贡献度进行分析。

最后对完成碳减排目标进行路径选择。

第四节是本章小结。

第二节　二氧化碳排放影响因素分解

一　研究方法

Kaya 恒等式（Kaya，1989）由日本学者 Yoichi Kaya 于 1989 年提出，用以揭示二氧化碳排放与经济、能源、人口之间的内在关系，可以表示为：

$$C=\frac{GDP}{P}\cdot\frac{E}{GDP}\cdot\frac{C}{E}\cdot P \tag{8-1}$$

其中 C 表示二氧化碳排放量，GDP 表示国内生产总值，P 表示总人口，E 表示能源消费。通过 Kaya 恒等式的分解，可以从人均 GDP（GDP/P）、单位 GDP 能耗（E/GDP）、能源碳排放系数（C/E）和人口（P）四个层面解释影响二氧化碳排放量的驱动因素。一般来说，人均 GDP 的上升，单位 GDP 能耗的上升，能源碳排放系数增大或人口的增长都会带来二氧化碳排放量的增加。能源碳排放系数和能源消费结构有关，清洁能源占总能源消费的比重越大，能源碳排放系数就越小，反之，能源碳排放系数就越大。

借助 Ang（2004）介绍的对数平均迪式指数（LMDI）分解法对所有因素进行无残差分解，将 0 时期到 T 时期的二氧化碳排放的变动量表示成为各个结构变量贡献份额的线性表达式。对式（8－1）的分解结果：

$$\Delta C=\Delta C_G+\Delta C_S+\Delta C_I+\Delta C_P \tag{8-2}$$

其中 ΔC 表示二氧化碳总变动量，ΔC_G 表示人均 GDP 变化对二氧化碳变化的贡献，ΔC_S、ΔC_I 和 ΔC_P 分别表示单位 GDP 能

耗、能源碳排放系数以及人口总量变动的贡献。

$$\Delta C_G = L(C_T, C_0) \cdot \ln(G_T/G_0) \tag{8-3}$$

$$\Delta C_S = L(C_T, C_0) \cdot \ln(S_T/S_0) \tag{8-4}$$

$$\Delta C_I = L(C_T, C_0) \cdot \ln(I_T/I_0) \tag{8-5}$$

$$\Delta C_P = L(C_T, C_0) \cdot \ln(P_T/P_0) \tag{8-6}$$

T 和 0 表示 T 时期与 0 时期，G、S、I 和 P 分别表示人均 GDP、能源强度、能源碳排放系数和人口总量。其中 $L(A,B) = (A-B)/(\ln A - \ln B)$（Ang 等，1998）。

对以上四个贡献因素进一步分解，将产业结构、城市化、能源效率与能源消费结构等因素引入恒等式，可以更深刻的理解二氧化碳排放量变动的原因。

以 ΔC_G 为例进行分解，人均 GDP 可以用以下形式表示：

$$\frac{\mathrm{GDP}}{P} = \sum_n \frac{\mathrm{GDP}_n}{P_n} \cdot \frac{P_n}{\sum_n P_n} = \sum_n W_n \cdot U_n \tag{8-7}$$

n 表示人口结构，$n=1$，2（1 表示城市人口，2 表示农村人口）。U_n 可以表示城市人口或农村人口占总人口的比例，代表城市化因素。而 W_n 表示城市或农村人均 GDP，代表收入因素。根据 Ang（2005）提供的分解方法进一步对 ΔC_G 进行分解。

$$\Delta C_G = \Delta C_W + \Delta C_U = \frac{\Delta G_W}{\Delta G} \cdot \Delta C_G + \frac{\Delta G_U}{\Delta G} \cdot \Delta C_G \tag{8-8}$$

$$\begin{aligned} \Delta G &= \Delta G_W + \Delta G_U \\ &= \sum_n L(\theta_{nT}, \theta_{n0}) \cdot \ln(W_{nT}/W_{n0}) + \\ &\quad \sum_n L(\theta_{nT}, \theta_{n0}) \cdot \ln(U_{nT}/U_{n0}) \end{aligned} \tag{8-9}$$

$$\theta_n = W_n \cdot U_n \tag{8-10}$$

其中 ΔC_W 和 ΔC_U 分别表示影响二氧化碳变动的收入因素和城市化因素，ΔG 是人均收入总变化量，ΔG_W 和 ΔG_U 分别表示收入因素和城市化效应产生的人均收入的变化。

同理，对 ΔC_S 进行分解之后，式（8 - 2）可以表示成为：

$$\Delta C = \Delta C_W + \Delta C_U + \Delta C_E + \Delta C_Y + \Delta C_I + \Delta C_P \tag{8-11}$$

其中 ΔC_W、ΔC_U、ΔC_E、ΔC_Y、ΔC_I 分别表示影响二氧化碳变动的收入因素、城市化因素、能源强度因素、产业结构因素、能源消费结构因素和人口增长因素。其中每种能源的单位二氧化碳排放量属于其化学属性，在碳捕捉与碳储存技术大规模推广之前，假定其将保持固定不变。因此，能源碳排放系数的贡献 ΔC_I 即为能源消费结构因素。同时人口总量变动的贡献 ΔC_P 无须分解，因此等同于人口增长因素。

二 “十一五”排放增量因素分解

根据《中国统计年鉴 2011》数据，中国 2010 年较 2005 年国内生产总值（以 2000 年不变价）增长了 11.4 万亿元，城市化率提高了 7 个百分点，一次能源消费增长了 8.9 亿吨标煤，人口增长 3335 万。根据国家统计局数据公布的数据，2010 年末单位 GDP 能源消耗下降了 19.1%，完成了“十一五”规划中制定的能源强度下降 20% 左右的目标。

2010 年二氧化碳排放较 2005 年增长 18.94 亿吨，采用前文分解法对收入因素、城市化因素、能源强度因素、产业结构、能源消费结构因素以及人口增长因素对二氧化碳增量的贡献进行估计（见表 8 - 1）。

结果表明，收入因素是引起二氧化碳排放增加的最大推动力，对排放增长的贡献为 27.99 亿吨，表明经济增长与收入提高是“十一五”拉动二氧化碳排放的最主要原因。城市化因素对二氧化碳排放的贡献为 5.12 亿吨。人口增长因素的贡献也达到 1.59 亿吨。而能源强度因素对二氧化碳减排起到最明显的作用，“十一五”期间减少中国二氧化碳排放 13.79 亿吨。能源消费结构因素其次，减少排放 1.31 亿吨。产业结构因素对二氧化碳减排贡献了 0.67 亿吨。尽管 2010 年的重工业比重为历史最高点，为71.4%，较2005年提高了2.5个百分点，但2010年工业比重却较2005年下降了2.1个百分点，同时第三产业比重增高了3个百分点，产业结构的变化对二氧化碳减排起到一定正面作用，但是相对其他因素来看，产业结构因素的贡献还非常小。

表8－1　　中国“十一五”二氧化碳排放增量因素分解

单位：亿吨

排放量总变化	收入因素	城市化因素	能源强度因素	产业结构因素	能源消费结构因素	人口增长因素
18.94	27.99	5.12	－13.79	－0.67	－1.31	1.59

第三节　完成碳减排目标的路径选择

一　情景设定

通过对二氧化碳增量的分解，2005—2020年的二氧化碳排放增量可以用六个因素进行解释。因此，需要对2020年六个因素的不同情景进行设定。根据林伯强和孙传旺（2011）的预测，在保证中国2020年基本实现工业化与城市化的情况下，意味着2005—2020年中国将保持年均8.3%经济增长率。尽管“十二五”规划纲要将2011—2015年期间中国GDP增长率目标定为7%，但实际的增长可能会比规划目标略高，因此本章基准情景的“十二五”期间GDP增长率设定为8%，“十三五”期间设定为7%。

关于产业结构中各产业比重的设定，本章参考了20世纪50年代之后一些国家和地区的发展经验。在1970年日本三次产业结构比重为6:46:48，联邦德国为4:48:48。1980年韩国三次产业比重为16∶37∶47，中国台湾三次产业比重为9∶46∶45。林毅夫和孙希芳（2003）、刘霞辉等（2008）认为中国目前的发展时期与发展轨迹同日本20世纪60年代、韩国70年代比较接近，特点是重工业取代轻工业成为主导产业。1970年日本的重工业比重为65%，联邦德国是74%，而韩国与中国台湾1980年的重工业比重分别为53%和55%。中国社会科学院《工业蓝皮书》（陈佳贵等，2007）也表示，中国工业化将在2020年前后基本实现，假设到2020年第一产业比重下降到8%。李善同等（2005）和刘霞辉等（2008）的研究对2020年中国第一产业比重采取了相同设定。

表8－2　　中国二氧化碳排放预测的基准情景设定

变量	情景描述
GDP增长率	2011—2015年：8.0%；2016—2020年：7.0%
人口总量	2020年达到14.3亿
城市化率	2020年达到60%
能源强度	2015年单位GDP能耗比2010年下降16% 2020年单位GDP能耗比2015年下降12%
产业结构	2020年一产8%，二产46%，三产46%；重工业比重65%
能源结构	煤炭：60.5%；石油：14.5%；天然气：10.0%；清洁能源：15.0%

林伯强（2011）认为现阶段中国经济结构调整不是一个以政府、个人意愿为转移的过程，原因至少有两个方面：第一个方面，一国经济结构应当符合本国经济发展阶段性特征。如上所述，目前中国处于工业化与城市化阶段，这是一个高耗能阶段，高耗能的工业结构是其典型特征。第二个方面，在经济贸易全球化导致的全球经济分工中，中国目前的定位比较明确。短期改变

中国低端、高耗能的出口模式难度很大，中国当前的就业形势也很难提供这种改变的机会。中国可以努力调整结构，但国际贸易分工重新调整和换位需要一个相对缓慢的过程。因此，参考何晓萍等（2009）的研究，比较保守地估计2010—2020年期间重工业比重可能保持在55%—75%之间。在基准情景下，本章设定2020年第三产业比重基本同第二产业持平。这与中国社会科学院《工业蓝皮书》（陈佳贵等，2007）提到的情景类似。

城市化率根据简新华与黄锟（2010）的研究结论，即城市化将以每年1%左右的速度推进，至2020年城市化率达到60%，同时国务院发展研究中心调查研究报告（2005）也采用了相同的设定。到2020年，超过1亿人口将从农村转移到城市。

能源强度变化2015年根据“十二五”规划纲要的目标设定，即2015年较2010年单位GDP能耗下降16%。2020年能源强度下降目标，依据中国历史产业结构与能源强度变化情况，并参考发达国家在工业化后期能效水平演化规律，设定2020年较2015年下降12%，该设定与林伯强和杜立民（2009）的研究基本一致。

对2020年人口数的预测，主要参考中国人口信息网数据，2020年中国人口达到14.3亿。国务院发展研究中心调查研究报告（2005）也采用了该方法。

能源结构以林伯强和蒋竺均（2009）有规划约束情形下的一次能源消费结构为基础，并结合“十二五”规划纲要以及中国政府提出的2020年非化石能源消费比重目标，设定2020年非化石能源达到15%。同时，根据天然气发展规模不断增大的特点，设定2020年天然气比重将达到10%（林伯强，2010b）。

其他两个情景分别以基准情景为参照系，乐观情景假设为相对积极的发展趋势，而悲观情景则更多地考虑了经济运行的不确定因素。乐观情景下假设经济仍然以城市化作为主要推动力量，带动大规模投资需求，重工业程度进一步加深。2011—2015 年经济增长率为 9.1%，2016—2020 年为 8.3%。2020 年中国人口预计达 14.4 亿，同时城市化进程较快，达到 62%。产业结构重工业比重达到 75%，能源强度在“十二五”期间改善 16%，“十三五”期间改善 8%。能源结构中清洁能源占到 15.5%，天然气 10.5%，石油 15.0%，煤炭 59.0%。悲观情景假设经济增速放缓，城市化进程减慢，重工业产品的需求下降。2011—2015 年经济增长率为 6.8%，2016—2020 年为 5.7%。2020 年人口为 14.2 亿。同时城市化进程减慢，2020 年为 58%。产业结构中，

表 8－3　　二氧化碳排放预测的乐观情景设定

变量	情景描述
GDP 增长率	2011—2015 年：9.1%；2016—2020 年：8.3%
人口总量	2020 年达到 14.4 亿
城市化率	2020 年达到 62%
能源强度	2015 年单位 GDP 能耗比 2010 年下降 16% 2020 年单位 GDP 能耗比 2015 年下降 8%
产业结构	2020 年一产 8%，二产 45%，三产 47%；重工业比重 75%
能源结构	煤炭：59.0%；石油：15.0%；天然气：10.5%；清洁能源：15.5%

表 8－4　　二氧化碳排放预测的悲观情景设定

变量	情景描述
GDP 增长率	2011—2015 年：6.8%；2016—2020 年：5.7%
人口总量	2020 年达到 14.2 亿
城市化率	2020 年达到 58%
能源强度	2015 年单位 GDP 能耗比 2010 年下降 16% 2020 年单位 GDP 能耗比 2015 年下降 16%
产业结构	2020 年一产 10%，二产 49%，三产 41%；重工业比重 55%
能源结构	煤：63.0%；石油：14.5%；天然气：8.0%；清洁能源：14.5%

第一产业比重10%，第二产业49%，第三产业41%，重工业比重为55%。能源强度在“十二五”期间改善16%，“十三五”期间改善16%。能源结构中清洁能源占到14.5%，天然气8.0%，石油14.5%，煤炭63.0%。

二　排放预测

按基准情景的设定，在保证2005—2020年平均8.3%经济增长率并完成2020年非化石能源目标时，中国二氧化碳排放量为104.4亿吨。该结果与林伯强和蒋竺均（2009）利用协整方法与马尔科夫模型预测的结果较接近。而在乐观情景与悲观情景下，2020年二氧化碳排放总量分别为124.7亿吨与89.3亿吨。

一方面考虑到对未来情景设定与现实经济运行情况可能存在误差，另一方面国家政策的调整可能会对某些变量产生一定影响，从而干扰2020年二氧化碳排放的预测值。因此，本节对GDP平均增速、重工业比重、城市化率以及能源强度等变化程度进行敏感性分析，研究在这些情景设定略微改变的情况下，这些变量对二氧化碳排放量产生的影响。

根据基准情景的设定，2005—2020年GDP年平均增速为8.3%，2020年重工业比重为65%，城市化率达到60%。同时2010—2015年能源强度下降16%，2015—2020年能源强度下降12%，即2020年较2010年累计下降约26%。在此情景设定的基础上，假设其他变量保持不变的情况下，略微调整以上某个变量，重新预测2020年二氧化碳的排放量。

通过二氧化碳排放量对GDP增速的敏感性分析（见表8-5），可以看出，若2005—2020年GDP的平均增速从8.3%下降至8.2%，对二氧化碳减排将产生正面的影响，可以减少约1.4亿吨排放，而经济增长速度的提高则将导致二氧化碳排放的增加。若增速达到8.4%，2020年二氧化碳排放达到105.6

亿吨。

表8－5　2020年二氧化碳排放量对GDP增速的敏感性分析

GDP（%）	8.0	8.1	8.2	8.3	8.4	8.5	8.6
排放量（亿吨）	100.3	101.6	103.0	104.4	105.6	107.1	108.4

重工业比重的变化，对二氧化碳排放也将造成一定的影响（见表8－6）。若2020年重工业比重从65%下降到64%，可以减少二氧化碳排放0.7亿吨，如果上升到66%，将增加二氧化碳排放0.6亿吨。若结构调整的力度较大，使得重工业的比重下降到60%，那么2020年的二氧化碳排放量可以控制在101.1亿吨左右。而重工业比重保持在2008年70%水平的话，排放将上升至107.7亿吨。通过比较可以看出，产业结构效应中重工业比重调整的效应相当明显。基准情景下，产业结构效应的碳减排贡献为5.5亿吨，而重工业比重仅调整1个百分点，就可以对其造成10%至20%的影响。

表8－6　2020年二氧化碳排放量对重工业比重的敏感性分析

重工业比重（%）	60	62	64	65	66	68	70
排放量（亿吨）	101.1	102.4	103.7	104.4	105.0	106.3	107.7

基准情景中2020年城市化率设定为60%，如果达到61%，将增加排放0.9亿吨，而下降到59%，将减少排放1.0亿吨。大致上看，在其他变量固定不变的情况下，城市化比重在60%附近上升和下降1%，对排放的影响在1亿吨左右（见表8－7）。

表8－7　2020年二氧化碳排放量对城市化率的敏感性分析

城市化率（%）	57	58	59	60	61	62	63
排放量（亿吨）	101.6	102.5	103.4	104.4	105.3	106.3	107.2

能源强度是除了GDP之外的三个变量中最敏感的。如果2020年的能源强度比2010年累计多下降一个百分点，可以减少二氧化碳排放量1.4亿吨。反之若能源强度上升，也将导致排放量较大幅度的增加（见表8－8）。

表8－8　2020年二氧化碳排放量对能源强度变化程度的敏感性分析

能效强度下降（%）	21	22	23	24	25	26	27
排放量（亿吨）	108.2	106.9	105.6	104.4	102.9	101.8	100.5

综合比较以上结构变量可以发现，优化结构导致的碳排放量下降幅度往往要略大于结构反向变化时的排放增加量。而且在结构没有发生太大偏离的情况下，按基准情景，本章预测2020年排放二氧化碳104.4亿吨左右是合理的。

由于不同变量之间可能存在交叉效应，有必要进一步分析两个变量同时变动的情形。本节将分别讨论经济增长率与能源强度，重工业比重与城市化率两对变量的变化对二氧化碳排放量的影响（见图8－1）。第一对变量的变动满足经济增长速度快就很难兼顾效率的客观发展规律。2005—2020年GDP年均增速提高至8.6%，同时2020年的能源强度比2010年累计下降23%，将增加基准情景下2020年碳排放约8亿吨。而重视能源效率并适当减缓经济增速，将对碳减排产生积极的影响。第二对变量的变动满足中国工业化与城市化共同推进的阶段性特点。结果显示，城市化进程与重工化进程加快，将导致碳排放的增加。而适当减缓城市化速度并调整工业结构，可以减少二氧化碳排放 6.3 亿吨左右。

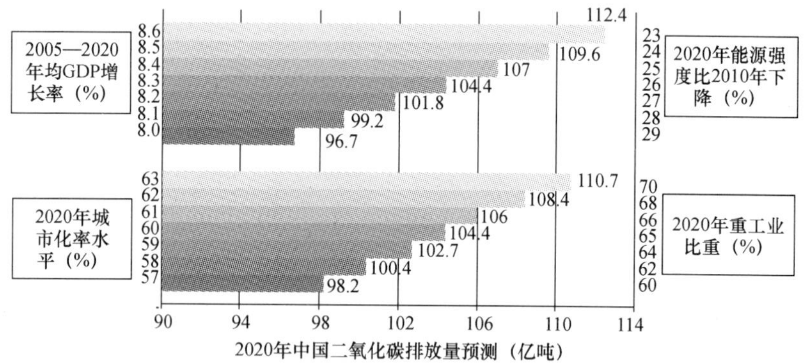

图 8－1　基准情景下 2020 年二氧化碳排放量的双变量敏感性分析

三　驱动因素分析

对 2020 年的排放增量进行分解（见图 8－2），以探讨二氧化碳排放增量的六大贡献因素，即收入因素、城市化因素、能源强度因素、产业结构因素、能源消费结构因素与人口因素对排放增量的影响。

定性上看，无论哪一种情景，收入因素、城市化因素与人口增长因素对二氧化碳排放增量有正向作用，而能源强度因素、产业结构因素与能源消费结构因素对增量具有负向的影响。同时，三种情景都显示出收入因素对二氧化碳排放增量的影响是最大的，表明经济增长率越高，二氧化碳排放量增长得越快。基准情景下，收入因素的贡献为 67.4 亿吨，而在乐观情景与悲观情景下收入因素分别拉动二氧化碳排放增长 77.0 亿吨与 57.1 亿吨。城市化效应对二氧化碳排放增量的作用也很明显，在基准情景下将增加二氧化碳排放 15.5 亿吨，而乐观情景城市化对增量的贡献达到

20.9 亿吨，悲观情景下的贡献为 12.4 亿吨。而人口增长因素对二氧化碳的影响较小，首先是由于中国人口增长率相对放缓，其次是由于目前人口城乡结构变动、相对人口数量变动对二氧化碳排放的影响更显著。2020 年基准情景人口增长因素的贡献为 6.7 亿吨,而乐观情景与悲观情景的贡献分别为 8.4 亿吨与 5.2 亿吨。对全部的正向贡献加总，乐观情景为 106.3 亿吨，基准情景为 89.6 亿吨，悲观情景为 74.8 亿吨。

对增量起到最显著负向作用的是能源强度因素。在基准情景下，通过能源强度的改善可以减排二氧化碳约 30.4 亿吨，对正向贡献的抵消作用为 34.0%。在乐观情景下，能源强度对碳减排影响也可以达到 33.9 亿吨，对正向贡献的抵消作用为 31.9%。悲观情景的能源强度贡献为 29.1 吨，对正向贡献的抵消作用达到 38.9%。能源强度因素对减排的重要贡献，表明继“十一五”之后，“十二五”与“十三五”提高能源效率还将成为实现节能减排目标的最有效的途径。优化能源消费结构，特别是提高非化石能源在一次能源中的比重对碳减排的贡献在基准情景下可以达到接近 8.7 亿吨二氧化碳，而乐观情景下超额完成非化石能源目标可以为减排多贡献 1.5 亿吨二氧化碳，悲观情景下基本实现非化石能源目标的减排贡献也可以达到 6.9 亿吨。产业结构因素在三种情景中的差异较大，基准情景下对碳减排的贡献为 5.5 亿吨，约是能源强度效应的五分之一，这与王灿等（2005）的研究结构较一致。悲观情景下，经济增长速度放缓，城市化进程减慢，产业结构调整的效果比较明显，对二氧化碳减排的贡献可达到 7.3 亿吨。而乐观情景下，经济增长与城市化对高耗能产品的需求仍然旺盛，产业结构相对粗放，因此产业结构因素的贡献只有 1.2 亿吨。三种情景结果的对比表明，中国现阶段经济增长速度和增长特征将是二氧化碳减排增加的主要因素，而国家节能减排约束与能源消费结构调整对碳减排的作用明显。

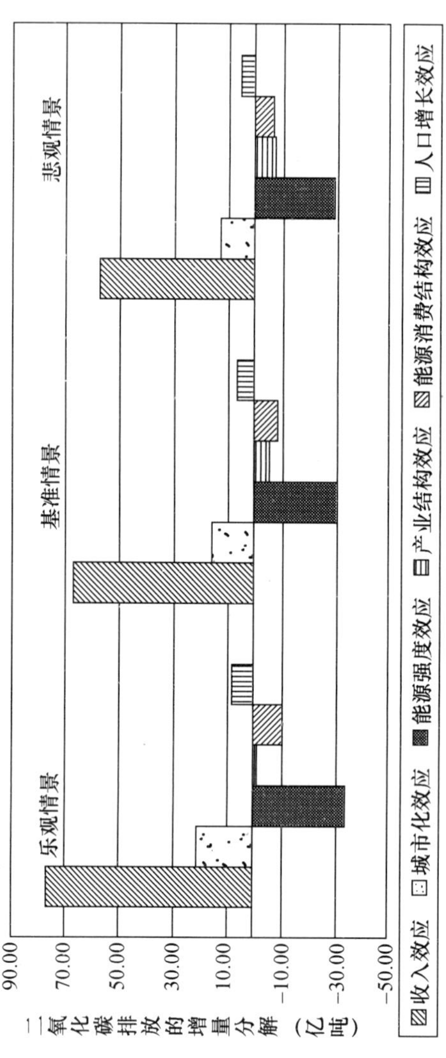

图8－2　不同情景下二氧化碳排放增量的驱动因素分解

四　实现碳强度目标的路径选择

进一步分析三种增长情景下的二氧化碳排放总量，可以发现，经济增长速度越快，二氧化碳排放总量越大（见表 8－9）。基准情景下，保证中国 2020 年基本实现工业化与城市化，中国 2005—2020 年的平均增长速度为 8.3%，在能源强度目标与能源消费结构目标都能大致完成的背景下，中国政府提出的 2020 年碳强度目标得到较好的实现。基准情景下 2020 年碳强度较 2005 年下降了 43.3%。可以看到，能源强度目标与能源消费结构目标的贡献对实现减排目标至关重要，二者的贡献加起来实现二氧化碳减排 39 亿吨。

表 8－9　　不同增长情景下的经济增长与碳强度目标

	乐观情景	基准情景	悲观情景
2005—2020 年平均 GDP 增长率	9.0%	8.3%	7.5%
2020 年二氧化碳碳排放量	124.7 亿吨	104.4 亿吨	89.3 亿吨
2020 年比 2005 年碳强度下降比重	39.5%	43.3%	45.7%

乐观情景下，经济增长方式相对粗放，2020 年碳强度较 2005 年下降了 39.5%，基本完成了 40% 至 45% 的碳强度目标。尽管乐观情景意味着更高的经济增长速度与城市化进程，但同样，经济增长也受到能源强度目标的充分约束，“十二五”能源强度下降 16%，“十三五”下降 8%。由于非化石能源的成本一般较高，而乐观情景收入增长快意味着对成本的承受能力较高，因此设定能源消费结构目标超额实现，非化石能源比重达到 15.5%。两个因素对减排的贡献之和达到了 44.1 亿吨。

悲观情景下，重工业比重下降至55%，经济增长更注重结构的调整。尽管经济增长的速度相对缓慢，基本保持在“十二五”规划的7%左右，但碳强度目标却超额实现，2020年碳强度较2005年下降了45.7%。除了能源强度因素与能源消费结构因素的重要贡献外，悲观情景下产业结构因素的贡献也相当明显，实现减排达到了7.3吨。

因此从三种情景碳强度目标完成情况看，“40%至45%”的碳强度目标基本都能实现，说明政府承诺的碳强度目标区间的合理性。但完成的情况却存在一定差别。因此，从二氧化碳排放的驱动因素着手，结合中国经济增长的阶段性特点，对未来完成碳减排目标的路径选择有以下几点：

首先，完成碳减排目标与经济增长速度及经济增长方式密切相关。选择适当的经济增长速度，有利于结构的优化，可以促进产业结构因素对减排的贡献。而片面追求高速增长，往往造成粗放的增长方式。“十二五”规划，中国政府已经适当地将经济增长目标调低，从“十一五”年均经济增长7.5%的目标，调整至“十二五”的7%。尽管本章认为同“十一五”经济增长实际完成情况类似，“十二五”现实的经济增长可能会略高于7%，但政府放缓经济增长的目标体现了政府转变经济增长方式的态度与决心。

其次，能源强度因素是减排最重要的保证。在“十二五”坚持实施阶段性的能源强度目标，可以确保2020年碳强度目标的实现。在三种情景中，能源强度目标的差异主要体现在“十三五”阶段，但尽管“十三五”的能源强度目标在三种情景中存在四个百分点的差异，但并不会对碳强度目标的完成产生过大的影响。因此“十二五”制定的16%的能源强度目标无疑是完成2020年碳强度目标的关键。

再次，能源消费结构目标对减排的贡献不容忽视。三种情景下碳强度目标的完成都是基于非化石能源比重目标大致实现的前提。但清洁能源意味着更高的能源成本，这又需要较强的经济基础做支撑。在中国目前的发展阶段，清洁能源的发展不能盲目。现阶段的二氧化碳减排主要还是依靠能源强度的改善，积极发展清洁能源对减排起到重要的辅助作用。

最后，从二氧化碳排放的绝对数量上看，乐观情景的排放量要比悲观情景高约30亿吨，这一数量相当于欧盟15国2007年的排放量。因此，若如中国政府在2011年德班全球气候大会上的表述，在2020年之后中国将考虑碳排放总量的减排，那么基准或悲观情景的增长路径可能更有利。

第四节 本章小结

碳减排目标必须以保证经济增长为前提。尽管现阶段中国二氧化碳排放的快速增长与国内巨大的能源需求直接相关。但排放的增量问题却不能简单以化石能源消费增长作为其根本原因。中国的二氧化碳减排问题具有很明显的阶段性特点，特别是碳强度的问题，从根本上说是一个经济增长的问题。本章基于Kaya恒等式，采用对数平均迪式指数分解法对现阶段中国的二氧化碳排放增量进行分解。从收入因素、城市化因素、能源强度因素、产业结构因素、能源消费结构因素和人口增长因素六个方面，深入分析二氧化碳排放增长的驱动原因，并通过对“十一五”历史增量的分解，以及2020年二氧化碳排放的分情景预测，探讨经济增长前提下完成碳减排目标的路径选择问题。

本章得到以下主要结论：

（1）二氧化碳排放快速增长是中国经济增长的阶段性特点，通过因素分解，可以用城市化、产业结构、能源强度等经济增长阶段性特征来解释二氧化碳增量的问题。

（2）“十一五”期间，二氧化碳增量主要是由经济增长造成的，收入因素的正向贡献占到了绝对重要的位置。同时，能源强度的改善，对二氧化碳减排的贡献最大。若不考虑能源强度因素的贡献，“十一五”的二氧化碳排放增量将再扩大 70%。

（3）经济增长速度与方式的选择，对碳强度的完成情况有一定影响。将经济增长的重心放在考虑增长速度的时候，就很难兼顾效率，导致增长的方式往往会偏向于粗放，忽视对经济结构的调整。选择适当的经济增长速度，可以充分发挥产业结构因素对二氧化碳排放的贡献。

（4）能源强度因素是保证在经济增长前提下完成碳强度目标的最重要因素。“十二五”能源强度目标完成情况，对 2020 年实现碳强度较 2005 年下降 40% 至 45% 的目标非常重要。

（5）积极发展非化石能源对减排起到重要的辅助作用，但考虑到成本问题，发展清洁能源需要较强的经济基础做支撑。

第九章　研究结论

保证经济增长一直是中国宏观经济运行的核心目标。2011年中国人均GDP为4428美元，中国已经进入中等收入国家。“十二五”与“十三五”成为中国能否顺利跨越“中等收入陷阱”的关键时期。然而伴随中国经济增长，二氧化碳排放不断增加。从2000年至2010年，全球50%左右的二氧化碳排放增量来自于中国。在全球气候变暖的问题上，中国始终处于风口浪尖，国际上要求中国减排的呼声越来越大。

中国政府在2009年年底宣布了至2020年年末单位GDP二氧化碳排放（碳强度）较2005年下降40%至45%的目标。在2011年3月发布的《国民经济和社会发展“十二五”规划纲要》中，明确提出到2015年年末碳强度较2010年年末下降17%，并且将此作为国民经济发展的约束性指标分配至各地方。一切措施表明中国政府采取切实减排行动的坚定决心。“十二五”与“十三五”期间，实现碳减排目标与保证中国经济增长的关系更加紧密。

根据对二氧化碳环境库兹涅茨曲线的实证分析，中国与发达国家的发展阶段不同，现阶段仍处于倒U形曲线拐点的左侧，人均二氧化碳排放量会随着人均GDP的上升而增加。中国政府把2020年作为一个重要转折点，以低碳视角研究中国经济增长问题，必须基于经济增长的阶段性特征。

当然低碳视角下中国经济增长问题的研究，不能仅停留在对二氧化碳问题严峻性和对减排行动必要性的分析层面，而更加应该把重点放在减排目标是否对经济增长存在激励的研究上，即着重研究现阶段减排目标对全要素生产率的影响等现实问题。

基于非参数模型与省际面板数据，本书运用环境 DEA 技术和方向距离函数，构建碳强度约束下的中国全要素生产率指数，并修正了传统方法测算时产生的扭曲。结果表明，全要素生产率与碳强度的变动是同步的，改善碳强度意味着全要素生产率的提高。进一步对东、中、西部的区域全要素生产率收敛性研究发现，西部地区不存在追赶发达地区的趋势，表明效率变化对生产率提高的作用比较有限。

低碳视角下研究中国经济增长核算问题，应该基于二氧化碳排放与中国经济增长的重要特征，全要素生产率进步不是外生的，而是由经济发展过程决定，因此进一步的研究把重心放在考察城市化、产业结构以及能源效率对生产率以及整体经济增长的影响。

通过对生产函数的参数化描述，将全要素生产率内生化，并引入随机误差，本书构建柯布—道格拉斯总量生产函数模型，采用固定参数与时变参数两种研究方法，对中国经济增长进行核算。结论表明，尽管全要素生产率对经济增长的贡献程度在提高，但现阶段中国经济增长仍然主要依靠要素积累，进一步证实发展阶段可以缩短，但难以超越（郑玉歆，1999）的客观规律。城市化对全要素生产率的影响在增强。产业结构与能源效率的影响作用则逐渐下降并趋于稳定，表明中国在节能减排上做出巨大努力的同时也付出了一定的经济代价。改进能源效率不仅需要节能目标约束，也需要政策的支持与引导。

从“十二五”规划纲要对能源强度与碳强度目标的设定数值上看，在目前中国经济增长阶段，二氧化碳减排与节能的目标基本一致。因此以低碳视角分析中国经济增长，把握节能是问题的关键，而工业部门节能则显得更加现实与重要。优化配置效率，让有限的资源向更高效的行业流动，从而促进中国经济增长。因此，本书进一步把重心放在对工业要素配置效率与节能潜力问题的研究上。

基于随机前沿面分析法，放松了所有生产者效率都最优的严格假定，本书构建了包括资本、劳动和能源三种要素的超越对数生产函数。得益于“十一五”约束性能源强度目标的坚定推行与工业要素市场化改革的不断深入，工业全行业要素配置效率在2006年由负转正，要素配置扭曲正在减小。现阶段能源要素正在从低效行业向高效行业流动，能源密集型行业具有较大的节能潜力。

将经济增长问题与二氧化碳问题扩展至开放经济条件，中国是全球第一大出口国与二氧化碳排放国。国际贸易让商品的消费侧与生产侧分离，发达国家通过贸易满足消费，却不需要承担生产带来的排放。而中国以消耗本国资源为代价的对外贸易模式，将导致更多的内涵碳出口。因此，本书进一步对内涵碳及中国对外贸易结构进行深入探讨。

采用投入产出分析法，本书根据生产国与消费国的不同，分别对四类内涵碳排放进行测算。根据中国加工贸易比重较高的特点，对再出口内涵碳排放进行了充分讨论。结论表明，中国20%的内涵碳排放并非源于国内消费，对外贸易在带动增长与就业的同时，造成了大量资源的净输出。以加工贸易为主的机械设备制造业和纺织品制造业是内涵碳净流出的主要部门，而内涵碳净流入的部门主要是采掘业。

如何在保证经济增长的前提下完成碳减排目标，是低碳视角下中国经济增长最现实的问题。中央政府在“十二五”规划纲要中将2011—2015年期间中国GDP增长率目标调整到7%，较五年前“十一五”的规划目标低了0.5个百分点，更大大低于

“十一五”期间的实际年均增长率。调低经济增长预期目标的信号，表明了“十二五”中央政府将把工作重点放在经济增长的质量上，而不仅仅是放在经济增长的数量上。

本书采用对数平均迪式指数分解法，从收入因素、城市化因素、能源强度因素、产业结构因素、能源消费结构因素和人口增长因素六个方面，深入分析二氧化碳排放增长的驱动原因。结果表明，二氧化碳增量主要是由收入因素造成的，选择适当的经济增长速度与发展方式，充分发挥产业结构因素、能源强度因素对二氧化碳排放的贡献，对碳强度的完成情况有一定影响。“十二五”规划纲要中，适度调低经济增长目标将有利于发展一条满足低碳转型要求的增长路径。而且“十二五”能源强度目标完成情况，对 2020 年实现碳强度较 2005 年降低 40% 至 45% 的目标非常重要。

参 考 文 献

[1] Agras, J., Chapman, D., "A Dynamic Approach to the Environmental Kuznets Curve Hypothesis", *Ecological Economics*, No. 2, 1999, pp. 267 - 277.

[2] Aigner, D. J., Lovell, C. A. K., Schmidt, P., "Formulation and Estimation of Stochastic Frontier Production Function Models", *Journal of Econometrics*, No. 6, 1977, pp. 21 - 37.

[3] Ang, B. W., "Decomposition Analysis for Policy Making in Energy: Which is the Prefer Method?", *Energy Policy*, No. 9, 2004, pp. 1131 - 1139.

[4] Ang, B. W., Zhang, F. Q., Choi, K., "Factorizing Changes in Energy and Environmental Indicators through Decomposition", *Energy*, No. 6, 1998, pp. 489 - 495.

[5] Ang, B. W., Zhang, F. Q., "A Survey of Index Decomposition Analysis in Energy and Environmental Studies", *Energy*, No. 25, 2000, pp. 1149 - 1176.

[6] Ang, B. W., "The LMDI Approach to Decomposition Analysis: a Practical Guide", *Energy Policy*, No. 7, 2005, pp. 867 - 871.

[7] Azomahu, T., Van Phu, N., "Economic Growth and CO_2 Emissions: A Nonparametric Approach", *BETA Working Paper*, No. 1, 2001.

[8] Barro, R. J. , Mankiw, N. G. , Sala-i-Martin, X. , "Capital Mobility in Neoclassical Models of Growth", *The American Economic Review*, No. 1, 1995, pp. 103 – 115.

[9] Barro, R. J. , Sala-i-Martin, X. , "Technological Diffusion, Convergence, and Growth", *Journal of Economic Growth*, No. 2, 1997, pp. 1 – 27.

[10] Battese, G. E. , Coelli, T. J. , "Frontier Production Functions, Technical Efficiency and Panel Data: With Application to Paddy Farmers in India", *Journal of Productivity Analysis*, No. 3, 1992, pp. 153 – 169.

[11] Berndt, E. R. , Christensen, L. , "The Translog Production Function and the Substitution of Equipment, Structure and Labor in US Manufacturing 1928 – 1968", *Journal of Econometrics*, No. 1, 1973, pp. 81 – 114.

[12] Borensztein, E. , Ostry, D. J. , "Accounting for China' s Growth Performance", *American Economic Review*, No. 2, 1996, pp. 224 – 228.

[13] Chambers, R. G. , Färe, R. , Grosskopf, S. , "Productivity Growth in APEC Countries", *Pacific Economic Review*, No. 3, 1996, pp. 181 – 190.

[14] Chang, Y. , Ries, R. J. , Wang, Y. , "The Embodied Energy and Environmental Emissions of Construction Projects in China: An Economic Input-output LCA Model", *Energy Policy*, No. 38, 2010, pp. 6597 – 6603.

[15] Charnes, A. , Cooper, W. W. , Rhodes, E. , "Measuring the Efficiency of Decision Making Units", *European Journal of Operational Research*, No. 2, 1978, pp. 429 – 444.

[16] Chen, G. Q. , Zhang, Bo. , "Greenhouse Gas Emis-

sions in China 2007: Inventory and Input-output Analysis", No. 38, *Energy Policy*, 2010, pp. 6180 –6193.

[17] Chen, S., Jefferson, G. H., Zhan, J., "Structural Change, Productivity Growth and Industrial Transformation in China", *China Economic Review*, No. 22, 2011, pp. 133 –150.

[18] Chow, G., Lin, A., "Accounting for Economic Growth in Taiwan and Mainland China: A Comparative Analysis", *Journal of Comparative Economics*, No. 3, 2002, pp. 507 –530.

[19] Chow, G., "Capital Formation and Economic Growth in China", *Quarterly Journal of Economics*, No. 3, 1993, pp. 809 –842.

[20] Chung, Y. H., Färe, R., Grosskopf, S., "Productivity and Undesirable Outputs: A Directional Distance Function Approach", *Journal of Environmental Management*, No. 51, 1997, pp. 229 –240.

[21] Coelli, T. J., Rao, P., O'Donnell, C. J., Battese. G. E., *Introduction to Efficiency and Productivity Analysis*, Springer, 2005.

[22] Deardorff, A. V., "Rich and Poor Countries in Neoclassical Trade and Growth", *The Economic Journal*, No. 111, 2001, pp. 277 –294.

[23] Debreu, G., "The Coefficient of Resource Utilization", *Econometrica*, No. 3, 1951, pp. 273 –292.

[24] Dowrick, S., Gemmell, N., "Industrialisation, Catching Up and Economic Growth: A Comparative Study Across the World's Capitalist Economies", *The Economic Journal*, No. 101, 1991, pp. 263 –275.

[25] Du, H., Guo, J., Mao, G., Smith, A. M., Wang,

X. , Wang, Y. , "CO_2 Emissions Embodied in China-US Trade: Input-output Analysis Based on the Emergy/Dollar Ratio", *Energy Policy*, No. 39, 2011, pp. 5980 - 5987.

[26] Engle, R. F. , Granger, C. W. J. , "Co-integration and Error-correction: Representation, Estimation and Testing", *Econometrica*, No. 2, 1987, pp. 251 - 276.

[27] Färe, R. , Grosskopf, S. , Lovell, K. , Pasurka, C. , "Multilateral Productivity Comparisons When Some Outputs are Undesirable: A Nonparametric Approach", *Review of Economics and Statistics*, No. 71, 1989, pp. 90 - 98.

[28] Färe, R. , Grosskopf, S. , Margaritis, D. , "APEC and the Asian Economic Crisis: Early Signals from Productivity Trends", *Asian Economic Journal*, No. 3, 2001, pp. 325 - 342.

[29] Färe, R. , Grosskopf, S. , Pasurka, Jr. C. A. , "Environmental Production Functions and Environmental Directional Distance Functions", *Energy*, No. 32, 2007, pp. 1055 - 1066.

[30] Farrell, M. J. , "The Measurement of Productive Efficiency", *Journal of the Royal Statistical Society*, No. 3, 1957, pp. 253 - 290.

[31] Fleisher, B. , Li, H. , Zhao, M. , "Human Capital, Economic Growth, and Regional Inequality in China", *Journal of Development Economics*, No. 2, 2010, pp. 215 - 231.

[32] Galeotti, M. , Lanza, A. , Pauli, F. , "Reassessing the Environmental Kuznets Curve for CO_2 Emissions: A Robustness Exercise", *Ecological Economics*, No. 57, 2006, pp. 152 - 163.

[33] Glaeser, E. , Kallal, H. , Scheinkman, J. , Schleifer, A. , "Growth in Cities", *Journal of Political Economy*, No. 100, 1992, pp. 1126 - 1152.

[34] Gregg, J., Andres, R., Marland, G., "China: Emissions Pattern of the World Leader in CO_2 Emissions from Fossil Fuel Consumption and Cement Production", *Geophysical Research Letters*, No. 35, 2008, pp. 1-5.

[35] Guo, J., Zhang, Z., Meng, L., "China's Provincial CO_2 Emissions Embodied in International and Interprovincial Trade", *Energy Policy*, No. 42, 2012, pp. 486-497.

[36] Hailu, A., Veeman, T. S., "Non-parametric Productivity Analysis with Undesirable Outputs: An Application to the Canadian Pulp and Paper Industry", *American Journal of Agricultural Economics*, No. 83, 2001, pp. 605-616.

[37] Holtz-Eakin, D. Thomas, M. S., "Stoking the Fires? CO_2 Emissions and Economic Growth", *Journal of Public Economics*, No. 57, 1995, pp. 85-101.

[38] Holz, C. A., "China's Economic Growth 1978-2025: What We Know Today About China's Economic Growth Tomorrow", *World Development*, No. 10, 2008, pp. 1665-1691.

[39] Jalil, A., Mahmud, S. F., "Environment Kuznets Curve for CO_2 Emissions: A Cointegration Analysis for China", *Energy Policy*, No. 37, 2009, pp. 5167-5172.

[40] Jian, T., Sachs, F. D., Warner, A. M., "Trends in Regional Inequality in China", *China Economic Review*, No. 1, 1996, pp. 1-21.

[41] Kaya, Y., "Impact of Carbon Dioxide Emission on GNP Growth: Interpretation of Proposed Scenarios", *Intergovernmental Panel on Climate Change*, Response Strategies Working Group, 1989.

[42] Kim, H. Y., "The Translog Production Function and

Variable Returns to Scale", *The Review of Economics and Statistics*, No. 3, 1992, pp. 546 – 552.

[43] Krugman, P., "The Myth of Asia's Miracle", *Foreign Affairs*, No. 73, 1994, pp. 62 – 78.

[44] Kumbhakar, S. C., "Estimation and Decomposition of Productivity Change when Production is not Efficient: A Panel Data Approach", *Econometric Reviews*, No. 4, 2000, pp. 425 – 460.

[45] Lewis, W. A., "Economic Development with Unlimited Supplies of Labour", *The Manchester School*, No. 2, 1954, pp. 139 – 191.

[46] Li, K. W., "China's Total Factor Productivity Estimates by Region, Investment Sources and Ownership", *Economic Systems*, No. 3, 2009, pp. 213 – 230.

[47] Li, Y., Hewitt, C. N., "The Effect of Trade between China and the UK on National and Global Carbon Dioxide Emissions", *Energy Policy*, No. 36, 2008, pp. 1907 – 1914.

[48] Liu, L., Fan, Y., Wu, Y., Wei, Y., "Using LMDI Method to Analyze the Change of China's Industrial CO_2 Emissions from Final Fuel Use: An Empirical Analysis", *Energy Policy*, No. 11, 2007, pp. 5892 – 5900.

[49] Liu, L., Ma, X., "CO_2 Embodied in China's Foreign Trade 2007 with Discussion for Global Climate Policy", *Procedia Environmental Sciences*, No. 5, 2011, pp. 105 – 113.

[50] Liu, X., He, Y., "A Decomposition Analysis on Influencing Factors of Energy – related CO_2 Emissions in China", *Advanced Management Science* (*ICAMS*), 2010 *IEEE International Conference*, No. 7, 2010, pp. 354 – 359.

[51] Liu, X., Ishikawa, M., Wang, C., Dong, Y.,

Liu, W., "Analyses of CO_2 Emissions Embodied in Japan-China Trade", *Energy Policy*, No. 38, 2010, pp. 1510 - 1518.

[52] Lozano, S., Villa, G., Brannlund, R., "Centralised Reallocation of Emission Permits Using DEA", *European Journal of Operational Research*, No. 193, 2009, pp. 752 - 760.

[53] Luenberger, D., "Benefit Functions and Duality", *Journal of Mathematical Economics*, No. 21, 1992, pp. 461 - 481.

[54] Machado, G., Schaeffer, R., Worrell, E., "Energy and Carbon Embodied in the International Trade of Brazil: an Input-Output Approach", *Ecological Economics*, No. 39, 2001, pp. 409 - 424.

[55] Martinez-Zarzoso, I., Bengochea-Morancho, A., "Pooled Mean Group Estimation for an Environmental Kuznets Curve for CO_2", *Economics Letters*, No. 82, 2004, pp. 121 - 126.

[56] Meeusen, W., van den Broeck, J., "Efficiency Estimation from Cobb-Douglas Production Functions with Composed Error", *International Economic Review*, No. 2, 1977, pp. 435 - 444.

[57] Miller, S., Upadhyay, M., "Total Factor Productivity and the Convergence Hypothesis", *Journal of Macroeconomics*, No. 24, 2002, pp. 267 - 286.

[58] OECD., Ahmad, N., Wyckoff, A., "Carbon Dioxide Emissions Embodied in International Trade of Goods", STI Working Paper, No. 15, 2003.

[59] Peters, G. P., Hertwich, E. G., "CO_2 Embodied in International Trade with Implications for Global Climate Policy", *Environmental Science Technology*, No. 42, 2008, pp. 1401 - 1407.

[60] Peters, G. P., Hertwich, E. G., "The Importance of Imports for Household Environmental Impacts", *Journal of Industrial*

Ecology, No. 10, 2006, pp. 89 – 109.

[61] Picazo-Tadeo, A. J., Reig-Martinez, E., Hernandez-Sancho, F., "Directional Distance Functions and Environmental Regulation", *Resource and Energy Economics*, No. 2, 2005, pp. 131 – 142.

[62] Pittman, R. W., "Multilateral Productivity Comparisons with Undesirable Outputs", *Economic Journal*, No. 93, 1983, pp. 883 – 891.

[63] Pombo, C., Taborda, R., "Performance and Efficiency in Colombia's Power Distribution System: Effects of the 1994 Reform", *Energy Economics*, No. 28, 2006, pp. 339 – 369.

[64] Raczka, J., "Explaining the Performance of Heat Plants in Poland", *Energy Economics*, No. 23, 2001, pp. 355 – 370.

[65] Rodrik, D., Subramanian, A., Trebbi, F., "Institutions Rule: The Primacy of Institutions over Geography and Integration in Economic Development", *Journal of Economic Growth*, No. 9, 2004, pp. 131 – 165.

[66] Sala-i-Martin, X., "The Classical Approach to Convergence Analysis", *Economic Journal*, No. 106, 1996, pp. 1019 – 1036.

[67] Sánchez-Chóliz, J., Duarte, R., "CO_2 Emissions Embodied in International Trade: Evidence for Spain", *Energy Policy*, No. 32, 2004, pp. 1999 – 2005.

[68] Seiford, L. M., Zhu, J., "A Response to Comments on Modeling Undesirable Factors in Efficiency Evaluation", *European Journal of Operational Research*, No. 161, 2005, pp. 579 – 581.

[69] Sengupta, R., "CO_2 Emission-Income Relationship: Policy Approach for Climate Control", *Pacific and Asian Journal of*

Energy, No. 7, 1996, pp. 207 –229.

[70] Shafik, N. , "Economic Development and Environmental Quality: An Econometric Analysis", *Oxford Economic Papers*, No. 46, 1994, pp. 757 –773.

[71] Shephard, R. W. , *Theory of Cost and Production Functions*, Princeton: Princeton University Press, 1970.

[72] Solow, R. M. , "A Contribution to the Theory of Economic Growth", *The Quarterly Journal of Economics*, No. 1, 1956, pp. 65 –94.

[73] Stern, N. , *Stern Review: The Economics of Climate Change*, Cambridge: Cambridge University Press, 2007.

[74] Su, B. , Ang, B. W. , "Input-output Analysis of CO_2 Emissions Embodied in Trade: The Effects of Spatial Aggregation", *Ecological Economics*, No. 70, 2010, pp. 10 –18.

[75] Su, B. , Huang, H. C. , Ang, B. W. , Zhou, P. , "Input-output Analysis of CO_2 Emissions Embodied in Trade: The Effects of Sector Aggregation", *Energy Economics*, No. 32, 2010, pp. 166 –175.

[76] Syrquin, M. , "Productivity Growth and Factor Reallocation". In *Industrialization and Growth*, Oxford: Oxford University Press, 1986.

[77] Tan, Z. , Li, L. , Wang, J. , Wang, J. , "Examining the Driving Forces for Improving China's CO_2 Emission Intensity Using the Decomposing Method", *Apply Energy*, No. 88, 2011, pp. 4496 –4504.

[78] Taskin, F. , Zaim, O. , "Searching for a Kuznets Curve in Environmental Efficiency Using Kernel Estimation", *Economics Letters*, No. 68, 2000, pp. 217 –223.

[79] Vaninsky, A., "Efficiency of Electric Power Generation in the United States: Analysis and Forecast Based on Data Envelopment Analysis", *Energy Economics*, No. 28, 2006, pp. 326 – 338.

[80] Wang, C., Chen, J., Zou, J., "Decomposition of Energy-related CO_2 Emission in China: 1957 – 2000", *Energy*, No. 30, 2005, pp. 73 – 83.

[81] Wang, Y., Yao, Y., "Sources of China's Economic Growth 1952 – 1999: Incorporating Human Capital Accumulation", *China Economic Review*, No. 14, 2003, pp. 32 – 52.

[82] Watanabe, M., Tanaka, K., "Efficiency Analysis of Chinese Industry: A Directional Distance Function Approach", *Energy Policy*, No. 35, 2007, pp. 6323 – 6331.

[83] Weber, C. L., Peters, G. P., Guan, D., Hubacek, K., "The Contribution of Chinese Exports to Climate Change", *Energy Policy*, No. 36, 2008, pp. 3572 – 3577.

[84] Wu, Y., *China's Economic Growth: A Miracle with Chinese Characteristics*, London: Routledge, 2003.

[85] Wu, Y., "Is China's Economic Growth Sustainable? A Productivity Analysis", *China Economic Review*, No. 3, 2000, pp. 278 – 296.

[86] Wurgler, J., "Financial Markets and the Allocation of Capital", *Journal of Financial Economics*, No. 58, 2000, pp. 187 – 214.

[87] Xu, M., Li, R., Crittenden, J. C., Chen, Y., "CO_2 Emissions Embodied in China's Exports from 2002 to 2008: A Structural Decomposition Analysis", *Energy Policy*, No. 39, 2011, pp. 7381 – 7388.

[88] Yan, Y., Yang, L., "China's Foreign Trade and Cli-

mate Change: A Case Study of CO_2 Emissions", *Energy Policy*, No. 38, 2010, pp. 350 –356.

[89] Young, A., "Gold into Base Metals: Productivity Growth in the People's Republic of China during the Reform Period", *NBER Working Papers*, No. 7856, 2000.

[90] Zheng, J., Bigsten, A., Hu, A., "Can China's Growth be Sustained? A Productivity Perspective", *World Development*, No. 4, 2009, pp. 874 –888.

[91] Zhou, P., Ang, B. W., Han, J. Y., "Total Factor Carbon Emission Performance: A Malmquist Index Analysis", *Energy Economics*, No. 32, 2010, pp. 194 –201.

[92] Zhou, P., Ang, B. W., Poh, K. L., "Measuring Environmental Performance under Different Environmental DEA Technologies", *Energy Economics*, No. 30, 2008, pp. 1 –14.

[93] Zofio, J. L., Prieto, A. M., "Environmental Efficiency and Regulatory Standards: the Case of CO_2 Emissions from OECD Industries", *Resource and Energy Economics*, No. 23, 2001, pp. 63 – 83.

[94] 蔡昉、都阳、王美艳：《经济发展方式转变与节能减排内在动力》,《经济研究》2008 年第 6 期。

[95] 蔡昉、王德文：《中国经济增长可持续性与劳动贡献》,《经济研究》1999 年第 10 期。

[96] 蔡昉、王美艳、曲玥：《中国工业重新配置与劳动力流动趋势》,《中国工业经济》2009 年第 8 期。

[97] 陈佳贵、黄群慧、钟宏武、王延中等：《中国工业化进程报告——1995—2005 年中国省域工业化水平评价与研究(工业化蓝皮书)》，社会科学文献出版社 2007 年版。

[98] 陈诗一：《节能减排与中国工业的双赢发展：2009—

2049》，《经济研究》2010 年第 3 期。.

［99］陈诗一：《能源消耗、二氧化碳排放与中国工业的可持续发展》，《经济研究》2009 年第 4 期。

［100］陈诗一：《中国的绿色工业革命：基于环境全要素生产率视角的解释（1980—2008）》，《经济研究》2010 年第 11 期。

［101］陈诗一：《中国碳排放强度的波动下降模式及经济解释》，《世界经济》2011 年第 4 期。

［102］陈迎、潘家华、谢来辉：《中国外贸进出口商品中的内涵能源及其政策含义》，《经济研究》2008 年第 7 期。

［103］樊纲、关志雄、姚枝仲：《国际贸易结构分析：贸易品的技术分布》，《经济研究》2006 年第 8 期。

［104］樊纲：《发展的道理》，生活 · 读书 · 新知三联书店 2002 年版。

［105］樊纲：《在开放中发展》，《开放导报》2010 年第 5 期。

［106］方军雄：《市场化进程与资本配置效率的改善》，《经济研究》2006 年第 5 期。

［107］傅京燕、李丽莎：《环境规制、要素禀赋与产业国际竞争力的实证研究——基于中国制造业的面板数据》，《管理世界》2010 年第 10 期。

［108］傅京燕、张珊珊：《碳排放约束下我国外贸发展方式转变之研究——基于进出口隐含 CO_2 排放的视角》，《国际贸易问题》2011 年第 8 期。

［109］干春晖、郑若谷：《改革开放以来产业结构演进与生产率增长研究——对中国 1978—2007 年“结构红利假说”的检验》，《中国工业经济》2009 年第 2 期。

［110］龚六堂、谢丹阳：《我国省份之间的要素流动和边际

生产率的差异分析》,《经济研究》2004 年第 1 期。

[111] 郭朝先:《中国二氧化碳排放增长因素分析》,《中国工业经济》2010 年第 12 期。

[112] 郭庆旺、贾俊雪: 《中国全要素生产率的估算:1979—2004》,《经济研究》2005 年第 6 期。

[113] 郭庆旺、赵志耘、贾俊雪:《中国省份经济的全要素生产率分析》,《世界经济》2005 年第 5 期。

[114] 国家统计局:《中国工业经济统计年鉴 2011》,中国统计出版社 2011 年版。

[115] 国家统计局:《中国劳动统计年鉴 2011》,中国统计出版社 2011 年版。

[116] 国家统计局:《中国能源统计年鉴 2011》,中国统计出版社 2012 年版。

[117] 国家统计局:《中国统计年鉴 2011》,中国统计出版社 2011 年版。

[118] 国家统计局综合司:《新中国五十五年统计资料汇编》,中国统计出版社 2005 年版。

[119] 国务院发展研究中心:《2005—2020 年中国经济增长前景分析》,《国务院发展研究中心调查研究报告》2005 年第 34 号。

[120] 何枫、陈荣、何炼成:《SFA 模型及其在我国技术效率测算中的应用》,《系统工程理论与实践》2004 年第 5 期。

[121] 何晓萍、刘希颖、林艳苹:《中国城市化进程中的电力需求预测》,《经济研究》2009 年第 1 期。

[122] 简新华、黄锟:《中国城镇化水平和速度的实证分析与前景预测》,《经济研究》2010 年第 3 期。

[123] 经济增长前沿课题组:《经济增长、结构调整的累积效应与资本形成——当前经济增长态势分析》, 《经济研究》

2003 年第 8 期。

［124］兰宜生、宁学敏：《基于投入产出偏差模型的我国出口商品内涵碳排分析》，《世界经济研究》2011 年第 7 期。

［125］李富强、董直庆、王林辉：《制度主导、要素贡献和我国经济增长动力的分类检验》，《经济研究》2008 年第 4 期。

［126］李鲲鹏：《中国存在稳定的消费函数吗——兼谈对 E－G 两步法的误用》，《数量经济技术经济研究》2006 年第 11 期。

［127］李善同、侯永志、刘云中、何建武：《中国经济增长潜力与经济增长前景分析》，《管理世界》2005 年第 9 期。

［128］李善同、翟凡：《应正确认识中间投入率的变化趋势》，《国务院发展研究中心调研报告》，1996 年第 106 号。

［129］李树林、齐中英：《基于 UV 表的中国对外贸易中隐含碳分析》，《南开经济研究》2011 年第 3 期。

［130］李小平、卢现祥：《国际贸易、污染产业转移和中国工业 CO_2 排放》，《经济研究》2010 年第 1 期。

［131］李玉红、王皓、郑玉歆：《企业演化：中国工业生产率增长的重要途径》，《经济研究》2008 年第 6 期。

［132］林伯强、杜立民：《我国能源效率的影响因素及“十二五”节能潜力估计》，《厦门大学中国能源经济研究中心工作论文》2009 年。

［133］林伯强、蒋竺均：《中国二氧化碳的环境库兹涅茨曲线预测及影响因素分析》，《管理世界》2009 年第 4 期。

［134］林伯强、蒋竺均：《中国能源补贴改革和设计》，科学出版社 2012 年版。

［135］林伯强、刘希颖：《中国城市化阶段的碳排放：影响因素和减排策略》，《经济研究》2010 年第 8 期。

［136］林伯强、孙传旺：《如何在保障中国经济增长前提下完成碳减排目标》，《中国社会科学》2011 年第 13 期。

[137] 林伯强、姚昕、刘希颖：《节能和碳排放约束下的中国能源结构战略调整》，《中国社会科学》2010 年第 1 期。

[138] 林伯强、姚昕：《电力布局优化与能源综合运输体系》，《经济研究》2009 年第 6 期。

[139] 林伯强：《能源经济学理论与政策实践》，中国财政经济出版社 2008 年版。

[140] 林伯强：《中国低碳转型》，科学出版社 2011 年版。

[141] 林伯强：《中国能源发展报告 2008》，中国财政经济出版社 2008 年版。

[142] 林伯强：《中国能源问题与能源政策选择》，煤炭工业出版社 2006 年版。

[143] 林伯强：《中国能源政策思考》，中国财政经济出版社 2009 年版。

[144] 林光平、龙志和、吴梅：《中国地区经济 σ－收敛的空间计量实证分析》，《数量经济技术经济研究》2006 年第 4 期。

[145] 林毅夫、任若恩：《东亚经济增长模式相关争论的再探讨》，《经济研究》2007 年第 8 期。

[146] 林毅夫、苏剑：《论我国经济增长方式的转换》，《管理世界》2007 年第 11 期。

[147] 林毅夫、孙希芳：《经济发展的比较优势战略理论》，《北京大学中国经济研究中心讨论稿》2003 年第 C2003028 号。

[148] 林毅夫：《中国经济增长可望保持 8%》，《改革》2009 年第 3 期。

[149] 刘福寿：《金融危机与中国转变经济发展方式》，《经济学动态》2010 年第 9 期。

[150] 刘强、庄幸、姜克隽、韩文科：《中国出口贸易中的载能量及碳排放量分析》，《中国工业经济》2008 年第 8 期。

[151] 刘瑞翔、安同良：《中国经济增长的动力来源与转换

展望——基于最终需求角度的分析》，《经济研究》2011 年第 7 期。

［152］刘生龙、王亚华、胡鞍钢：《西部大开发成效与中国区域经济收敛》，《经济研究》2009 年第 9 期。

［153］刘伟、张辉：《中国经济增长中的产业结构变迁和技术进步》，《经济研究》2008 年第 11 期。

［154］刘伟、张辉：《中国经济增长中的产业结构变迁和技术进步》，《经济研究》2008 年第 11 期。

［155］刘霞辉、张平、张晓晶：《改革年代的经济增长与结构变迁》，格致出版社 2008 年版。

［156］陆旸：《环境规制影响了污染密集型商品的贸易比较优势吗？》，《经济研究》2009 年第 4 期。

［157］潘家华、陈迎：《碳预算方案：一个公平、可持续的国际气候制度框架》，《中国社会科学》2009 年第 5 期。

［158］潘家华、庄贵阳、郑艳、朱守先、谢倩漪：《低碳经济的概念辨识及核心要素分析》，《国际经济评论》2010 年第 4 期。

［159］裴长洪：《中国贸易政策调整与出口结构变化分析：2006—2008》，《经济研究》2009 年第 4 期。

［160］彭国华：《中国地区收入差距、全要素生产率及其收敛分析》，《经济研究》2005 年第 9 期。

［161］彭水军、刘安平：《中国对外贸易的环境影响效应：基于环境投入——产出模型的经验研究》，《世界经济》2010 年第 5 期。

［162］齐绍洲、云波、李锴：《中国经济增长与能源消费强度差异的收敛性及机理分析》，《经济研究》2009 年第 4 期。

［163］沈坤荣：《1978—1997 年中国经济增长因素的实证分析》，《经济科学》1999 年第 4 期。

［164］沈利生：《我国对外贸易结构变化不利于节能降耗》，《管理世界》2007 年第 10 期。

［165］舒元：《中国经济增长分析》，复旦大学出版社 1993 年版。

［166］宋德勇、卢忠宝：《中国碳排放影响因素分解及其周期性波动研究》，《中国人口·资源与环境》2009 年第 3 期。

［167］涂正革、肖耿：《中国的工业生产力革命——用随机前沿生产模型对中国大中型工业企业全要素生产率增长的分解及分析》，《经济研究》2005 年第 3 期。

［168］王兵、吴延瑞、颜鹏飞：《中国区域环境效率与环境全要素生产率增长》，《经济研究》2010 年第 5 期。

［169］王灿、陈吉宁、邹骥：《基于 CGE 模型的 CO_2 减排对中国经济的影响》，《清华大学学报（自然科学版）》2005 年第 12 期。

［170］王锋、吴丽华、杨超：《中国经济发展中碳排放增长的驱动因素研究》，《经济研究》2010 年第 2 期。

［171］王小鲁、樊纲、刘鹏：《中国经济增长方式转换和增长可持续性》，《经济研究》2009 年第 1 期。

［172］王小鲁、樊纲：《中国经济增长的可持续性——跨世纪的回顾与展望》，经济科学出版社 2000 年版。

［173］王小鲁：《中国城市化路径与城市规模的经济学分析》，《经济研究》2010 年第 10 期。

［174］王小鲁：《中国经济增长的可持续性与制度变革》，《经济研究》2000 年第 7 期。

［175］王志刚、龚六堂、陈玉宇：《地区间生产效率与全要素生产率增长率分解（1978—2003）》，《中国社会科学》2006 年第 2 期。

［176］卫兴华、侯为民：《中国经济增长方式的选择与转换

路径》，《经济研究》2007 年第 7 期。

[177] 魏楚、沈满洪：《能源效率及其影响因素：基于 DEA 的实证分析》，《管理世界》2007 年第 8 期。

[178] 吴敬琏：《中国增长模式抉择》，远东出版社 2005 年版。

[179] 吴军：《环境约束下中国地区工业全要素生产率增长及收敛分析》，《数量经济技术经济研究》2009 年第 11 期。

[180] 徐朝阳、林毅夫：《发展战略与经济增长》，《中国社会科学》2010 年第 3 期。

[181] 颜鹏飞、王兵：《技术效率、技术进步与生产率增长：基于 DEA 的实证分析》，《经济研究》2004 年第 12 期。

[182] 杨子晖：《"经济增长"与"二氧化碳排放"关系的非线性研究：基于发展中国家的非线性 Granger 因果检验》，《世界经济》2010 年第 10 期。

[183] 杨子晖：《经济增长、能源消费与二氧化碳排放的动态关系研究》，《世界经济》2011 年第 6 期。

[184] 姚战琪：《生产率增长与要素再配置效应：中国的经验研究》，《经济研究》2009 年第 11 期。

[185] 易纲、樊纲、李岩：《关于中国经济增长与全要素生产率的理论思考》，《经济研究》2003 年第 8 期。

[186] 尹显萍、程茗：《中美商品贸易中的内涵碳分析及其政策含义》，《中国工业经济》2010 年第 8 期。

[187] 袁富华：《低碳经济约束下的中国潜在经济增长》，《经济研究》2010 年第 8 期。

[188] 袁堂军：《中国企业全要素生产率水平研究》，《经济研究》2009 年第 6 期。

[189] 岳书敬、刘朝明：《人力资本与区域全要素生产率分析》，《经济研究》2006 年第 4 期。

[190] 张帆：《中国的物质资本和人力资本估算》，《经济研究》2000 年第 8 期。

[191] 张红凤、周峰、杨慧、郭庆：《环境保护与经济发展双赢的规制绩效实证分析》，《经济研究》2009 年第 3 期。

[192] 张军、陈诗一、Gary H. Jefferson：《结构改革与中国工业增长》，《经济研究》2009 年第 7 期。

[193] 张军、施少华：《中国经济全要素生产率变动：1952—1998》，《世界经济文汇》2003 年第 2 期。

[194] 张军、吴桂英、张吉鹏：《中国省际物质资本存量估算：1952—2000》，《经济研究》2004 年第 10 期。

[195] 张军、章元：《对中国资本存量 K 的再估计》，《经济研究》2003 年第 7 期。

[196] 张连城、周明生：《短期经济存下滑风险　长期增长稳定可持续》，《经济研究》2010 年第 8 期。

[197] 张宁、胡鞍钢、郑京海：《应用 DEA 方法评测中国各地区健康生产效率》，《经济研究》2006 年第 7 期。

[198] 张为付、杜运苏：《中国对外贸易中隐含碳排放失衡度研究》，《中国工业经济》2011 年第 4 期。

[199] 张友国：《中国贸易含碳量及其影响因素——基于（进口）非竞争型投入产出表的分析》，《经济学（季刊）》2010 年第 7 期。

[200] 郑京海、胡鞍钢：《中国改革时期省际生产率增长变化的实证分析》，《经济学（季刊）》2004 年第 1 期。

[201] 郑玉歆：《全要素生产率的测度及经济增长方式的“阶段性”规律——由东亚经济增长方式的争论谈起》，《经济研究》1999 年第 5 期。

[202] 中国经济增长与宏观稳定课题组：《城市化、产业效率与经济增长》，《经济研究》2009 年第 10 期。

［203］中国经济增长与宏观稳定课题组：《中国可持续增长的机制：证据、理论和政策》，《经济研究》2008 年第 10 期。

［204］中国社会科学院经济所宏观课题组：《核算性扭曲、结构性通缩与制度性障碍——当前中国宏观经济分析》，《经济研究》2000 年第 9 期。

［205］周勤、赵静、盛巧燕：《中国能源补贴政策形成和出口产品竞争优势的关系研究》，《中国工业经济》2011 年第 3 期。

［206］朱启荣：《中国出口贸易中的 CO_2 排放问题研究》，《中国工业经济》2010 年第 1 期。

［207］朱喜、史清华、盖庆恩：《要素配置扭曲与农业全要素生产率》，《经济研究》2011 年第 5 期。

［208］庄贵阳、潘家华、朱守先：《低碳经济的内涵及综合评价指标体系构建》，《经济学动态》2011 年第 1 期。

［209］庄贵阳：《低碳经济：气候变化背景下中国的发展之路》，气象出版社 2007 年版。

后　　记

本书写作首先感谢我的博士生导师林伯强教授，全书从选题、建模、结果分析再到政策建议，以及整体的写作过程都凝聚着恩师的汗水和心血。感谢恩师的谆谆教诲和悉心关怀，感谢恩师对我的学习和研究倾注的大量精力。我师恩泽，永铭我心！

感谢我的师姐何晓萍老师、师兄姚昕老师，二位学长像亲人一般，常常在我需要帮助的时候给予我最及时的关爱与开导。

感谢沈小波老师、李智老师、牟敦果老师、林静老师、黄光晓老师，是他们一路带领着我走进能源经济学的殿堂。

感谢已毕业的师兄师姐：叶国兴、曾建武、李丕东、原鹏飞、王锋、杨芳、蒋竺均、杜立民、房树琼、张群洪，他们才华横溢、身体力行，为我们后辈树立榜样。感谢我的同学，刘江华、李雪慧、刘希颖、李爱军、伍亚、张立、王婷、吴张娴、谢明华、国娜、闫坤对我在学习上的帮助。感谢孔庆宝师弟和欧阳晓灵师妹对我的大力支持，感谢所有学弟学妹们营造的学习氛围。大家的帮助，我始终铭记。

感谢我的好朋友曾旭、林杰、王雍、蔡靖、陈锋、上官修瑜、林岚等，感谢他们在我求学、择业、工作道路上的支持、理解与鼓励。

感谢我的父亲母亲，他们为我的学习和生活付出了毕生精力，给我提供了一个温馨的家，让我勇敢面对人生的挫折。

特别感谢我的爱人成艳，感谢她一直陪伴在我身边，为我默默付出，让我安心工作，她的支持是我最大的安慰。谨以此书献给我的爱人及即将出世的宝宝！

孙传旺
2014 年 5 月